香りの扉、草の椅子

森林裡的香草鋪子

當我逐頁於《森林裡的香草鋪子》，猶如在四季流轉間，跟隨著萩尾女士的腳步，一起漫遊在森林裡，置身於瀰漫著香草氣息的花園與木屋中。看著她如何將這些大自然恩賜的植物，融入於生活的各個面向，注入美好與舒緩的能量，進而感染著推門而入的朋友們，並從中體悟出獨特的個人生命智慧。這本書是她走過與香草共處近四十年歲月後，所淬鍊而出的生命禮讚，也是一份送給喜愛香草、期待美好生活的你，最珍貴的禮物。

Julia（香草生活家）

香草的美麗人生

尤次雄（香草植物研究家）

香草植物的生活運用在歐美國家行之有年，在日本則是二十世紀初期才開始，早期主要是以「經濟作物」大量栽培為主，如薰衣草、薄荷等。到一九七〇年代，則開始引進更多樣性的香草植物，然後在一九八〇年至一九九五年階段，進入了香草產業啓蒙期。

萩尾エリ子小姐在啓蒙期，就開始自行栽種許多品種的香草植物，並與広田靚子以及鷹谷宏幸等香草植物研究家，並列為早期推廣香草生活的先驅，再加上本身位處的蓼科高原，更是香草栽培最為興盛的地區。藉由四季的變化，香草植物與芳香療法的結合，本書中藉由作者本身多年與香草朝夕相處所得到的香草智慧，與所有的香草愛好者共同分享。

如今日本的香草產業已從早期的大量栽培經濟作物、觀光休閒等模式漸漸移轉至著重在日常生活的導向，舉凡料理、茶飲、芳香、沐浴、園藝、花藝、工藝及染色等各方面，著實深入每個家庭之中，備受家庭主婦的喜好。另外更有針對香草植物的健康功效進行研發，將香草產業提升到另一個層次。

萩尾エリ子小姐的《森林裡的香草鋪子》帶來的是一種生活的態度與美學，除了感受香草植物所帶來的種種好處，更標榜了回歸自然、促進健康與致力生活化。次雄應出版社之邀，有幸為書中的香草植物與芳香療法進行審定，除了深切瞭解到作者的用心與專業，更極力推薦此書，期待讓臺灣的所有香草愛好者，藉此得到更多香草生活的樂趣，進而為您我帶來更美麗的人生。

二〇一七年三月十七日敬筆

卓芷聿（澳洲芳療師協會會長）

這是一本認識「香草療癒」及「綠色醫師」的好書，以真心和光陰釀製而成。作者透過蓼科森林的春夏秋冬變化，帶領讀者品味四季的香草生活，留下燦爛美好的想像。遭遇癌症的病痛、死亡的降臨或福島核災事件的苦難片刻，香草與芳香精油更成為作者為對方付出的「生命線」，及時給予溫暖並點燃自我療癒的力量。

閱讀的當下，我忍不住，走出户外，摘取檸檬馬鞭草與橘子花，按作者的建議，手沖一杯香草薄茶，享受心靜下來的幸福時光。書中有許多關於香草、精油的應用，也許你也想試試手作玫瑰護膚霜或蘋果香薰球，送給自己或身心疲憊的人，體驗滿滿的愛與能量。

透過此書，我們能成為溫柔的人，可以是他人的依靠，為需要的人準備一小把香草花束與芬芳精油，期待不可思議的植物能量，讓生命的每個瞬間都自在與幸福。

獻給親愛的你

這是關於一家香草鋪子的故事，
它隱身於小森林裡。
迷路時，只需向空氣裡探尋，
花草的香氛會化身為路標，引你找到方向，
你無法按圖索驥，
卻總會在無意之間望見它的身影。

貓咪偶爾會出來相迎，
如果你擔心貓咪打擾，
我會請牠們到森林裡去遊玩。
你可知道，
這兒寧謐且澄淨，處處令人眷戀；
百花綻放，陽光從枝葉間灑落；
楓紅片片，白雪皚皚。

請別只是凝視著這一切，
請親自走進這雪花球般的奇幻世界，
閱讀這家小鋪子的故事之後，
相信你也會不由自主地來到户外摘採野花。

在草地上鋪好一張輕柔的野餐墊，
先來杯美妙的開胃酒，
朝來水溶溶的綠色迷霧，
穿越森林，灑落在陽光盈滿的細長玻璃杯中，
披上一件柔軟的大衣，
一同開啓冬天裡的那一扇門吧！

歡迎你的到來。

第一章　冬，想念那一片原野……6

第二章　春，雙手迎接柔和日光……48

第三章 夏，聆聽生命的謳歌……90

第四章 秋，每一天都是可愛的日子……132

＊芳香療法相關資料提供者：NARD JAPAN
＊食譜上標示一杯為兩百毫升；一大匙為十五毫升；一小匙為五毫升。
＊本書資料依據截至二〇一四年十二月二十五日為止的資料。

第一章

冬，想念那一片原野

香草之家

人生彷彿是一臺紡織機，以生命為經，以生活中的各種事物為緯，經緯交織，編織出每一個人的故事。

對我而言，香草與香氛宛如緯紗一般，織入了我的生命之中，散發出柔軟清新的氣息，靜靜擁抱著我。

每個季節也像是一條一條纖細優美的絲線，這些纖細的絲線柔韌地編織著我的人生故事，不曾間斷。且聽我娓娓道來吧！希望這些故事，能夠為你的生活帶來一些能量。

那麼，請進吧！當你開啟這一扇門時，門軸會嘎吱嘎吱作響，請別介意。進門後，一陣幽香輕柔地撲面而來，擺滿了瓶瓶罐罐的架子映入了眼簾。罐子裡有著各式各樣的香草，各種乾燥花、根葉、種子及樹皮，無不呈現出美麗的色澤，它們在罐子裡靜靜地沉睡著，等待人們的寵愛。精油則彷彿停止呼吸般，將香氛封鎖在小瓶子裡。暖爐點著後，整個房間暖和了許多，請享用一杯熱騰騰的現泡茶吧！

OPEN

來自遙遠國度的乾燥香草，注入熱水後恢復了鮮活的色彩，化身為一杯芬芳的香草茶。這家小店裡擁有的一切，每一樣都是用心尋找、精心完成——清新的浴室香氛、萬花筒般的香氛花瓣、現代鍊金術師製成的珍貴精油、清冽宜人的芳香蒸餾水……還有那些充滿生命力的種子。看到種子總會幻想它長成小草的模樣，聯想到嫩芽抽綠的季節。

這家香草鋪子離市區有一段距離，交通不是很方便。儘管如此，嚴寒或下雪的時節仍舊有訪客上門。望著客人的背影，我總在心裡默默問候著：「找到需要的東西了嗎？」、「身體感到放鬆了嗎？」

各種書籍、親自來訪的客人，以及蓼科（位於日本長野縣）的大自然都是我的生活導師，更迭的四季讓急性子的我學會了喘息的節奏，從工作與生活中，我領悟了香草植物的舒緩效果及精油的功效，發現了能夠鼓舞生命的微小力量。

向窗外望去，可以看到自家的庭院與一片小森林。雪地傳來一陣沙沙的踩踏聲，不知從何處冒出了幾隻識得香草的貓咪。躲在白雪之下的綠色小孩，彷彿正觀察著日光的短長，準備迎接春天的到來。

在需要暖身暖心的冬季裡，要不要再來杯茶呀？

FLAVOURED TEA
HERBS
BLACK TEA
961円

皺著眉的少女

樹上的雪花隨風飄落，屋簷下細長的冰柱在陽光下顯得晶瑩動人，我情不自禁地想與大家分享這美麗的冬季景緻。在稜鏡窗片的折射下，屋子裡充滿了彩虹般的光芒，空氣中飄散著茉莉花散發出的幽香，這股幽香讓人敏銳地感受到日常之中微小的幸福。

少女時期的一些往事浮上心頭。當時母親罹患了肺結核，我那時會到療養院探望她，沿途的景象至今仍記憶猶新。雖然還只是個孩子，當時的步伐裡卻有著一絲絲憂傷，行經玉川上水時，兩旁的櫻花伴著雪花紛然飄落，花瓣在半空中舞動的美景令我如癡如醉，那時便隱約知曉植物具有撫慰人心的力量。

回憶如飄動的花瓣，悄然浮現。父親曾是我最敬愛的人，卻因工作不穩定而債築高臺，早已不知去向。我是在祖父家長大的，祖父是一位風流倜儻之人，每逢雨天或是花開、花謝的季節，他總要「來一杯」，托盤上盛著酒與下酒菜，祖父習慣飲酒後瞇著眼望著庭園。祖母性情剛烈卻充滿慈愛，她喜愛穿著和服、吟詠和歌……現在回想起來，我的家人都有一股優雅的氣質呢！不過當時在與父母分居的情形下，還是個孩子的我常常得小心翼翼，察言觀色。

不久我罹患了肺病，沒辦法去上幼稚園，小學也延後入學。當時體溫偏高，身體容易感到疲倦，常常在閱讀與凝望庭園中度過一整天。那座祖父喜愛的庭園彷彿讓我置身於《湯姆歷險記》與《頑童歷險記》的場景中，我在椅子上或躺或坐，在庭園裡自由自在地玩耍。後來我希望能夠在醫院中蓋一座美麗的庭園，這樣的想法大概源自於此吧！那時候照片裡的女孩總是皺著眉，心頭似乎壓抑著自己也無可奈何的憤怒。或許年幼懵懂之時，手腕附近留下的那道燙傷疤痕也是原因之一吧？

體力恢復後，母親帶我去舊書店逛了逛。朋友們每天都去上學，而我則從書本中展開了冒險之旅。「世田谷」是我的成長之地，三軒茶屋那一帶有幾間舊書店，花費極少的零用錢就能買得到書。出租書店也令人難忘，它們都是我的遊樂園。

小學比別人晚讀一年，感覺上我卻比別人早熟，這可能是因為我喜歡閱讀，而且每天窺視著、思索著大人們的世界。度過了不怎麼開心的國中生活之後，考上了高中，每天搭有軌電車「玉電」上學。三軒茶屋有幾家電影院，放學後我總是一個人去看恐怖片，我最喜歡克里斯多福．李主演的《吸血鬼德古拉伯爵》這部電影了。我會向別人解釋吸血

鬼之美，不知不覺之間，「吸血鬼」變成了我的綽號。那時我是個眼神充滿好奇，說話勁爆且幽默感十足的女孩。

「玉電」下車的地方就是電影院，我的遊樂園又多了一個。巷子裡開著幾家吸引小朋友目光的小店，祖父曾帶我去小劇場「太宮館」，以及奇怪得令人目不轉睛的「文華市場」。狗狗們彷彿置身於昭和時代，顯得自由自在，而我則是活在幸與不幸的矛盾之中。

後來皺著眉頭的少女與咯咯笑的女孩手牽著手，發現了「堪薩斯之家」。我心中的少女與女孩認為自己的路並非一帆風順，然而，人生就是經歷過這些酸甜苦辣才顯得有趣。

現在的我，想請過去的我享用一杯香草茶＆一塊鬆餅

對吃講究的妳，最愛奶油了，對吧！妳總是在廚房慢慢地品嘗著那塊切片的奶油。

我要替笑臉迎人、不再哭泣的妳，烘烤一份熱騰騰的鬆餅唷！也要替妳抹上厚厚的奶油，使用的楓糖漿也是真材實料的喔！

第一次與香草茶相遇，妳是不是感到很驚奇呢？我從罐子中取出荒野中的帚石楠、道路旁的西洋接骨木，以及月光般的茉莉花、太陽般的橘子皮，調配而成了這一杯香草茶。我彷彿聽見妳心裡的疑問：「這是怎麼泡的？要怎麼喝？」

且以雙手捧住溫熱的杯身，細細品味這杯冒著熱氣的香草茶吧！現在我為妳泡的茶，其實也是妳為我準備的呢！

鬆餅（4至5小片）

全蛋……1個
蔗糖……2大匙
牛奶……80ml
融化的奶油……1大匙
低筋麵粉……130g
泡打粉……1小匙

＊低筋麵粉與泡打粉請混合過篩。可依個人喜好淋上楓糖漿或放上一小塊奶油。

香草茶（可回沖3至4次）

帚石楠……2g
西洋接骨木……3g
茉莉花……2g
橙皮……3g

＊香草茶的泡法請參照P.44。

深呼吸

當年整個日本因東京奧運盛事而舉國歡騰，那段時日父親行蹤不明，母親則出外工作，我已就讀高中，仍舊是個皺著眉，幽默感十足的孩子。

高中畢業後，我在專門學校就讀飯店管理學系，以助理的身分到洋酒製造商經營的雞尾酒學校學習。釀造酒、蒸餾酒、利口酒及雞尾酒，酒的歷史、風土、植物及文化無止境地交織著，其中的學問令人嚮往。熟悉原料特性的調酒師精心調配出的雞尾酒，可稱得上是完美傑作，也可以說是一種藝術。我比任何人都還要獨立，不依賴學校全靠自己，每天仔細瀏覽報紙上的徵人啟事。我利用晚上的時間參加了文案培訓班的課程，之後因此進入廣告公司負責寫文案。那時坐在我旁邊的同事正寫著這樣的一個企劃案：「一年中晴天最多的度假勝地——蓼科。」

我在培訓班認識了大我八歲的大叔，他邀我一起開店，雖然母親反對，不過最後還是如願以償。興趣與勇於冒險的精神勝過一顆忐忑不安的心，鼓舞我向前進。後來這位大叔變成了我的丈夫，我們與身為鄉村歌手的大嫂開始共同經營Apple Tree這家店。

這家小店位於青山學院大學旁，那一帶總是播放著披頭四的唱片與喀噠喀噠響的廣告片。那時我負責挑酒，店裡規模雖未臻成熟，不過以當時來說算是貨色齊全。香草茶也是從那時候就開始推出了。

不久之後，我們將小店遷到其他地方，店名改為「青山蘋果亭」。店裡搭著看臺，宛如明治時代的小劇場。附近的創作家聚集在此，臺上演奏著爵士樂與巴莎諾瓦，再加上單口相聲，每晚都熱鬧非凡。

當時青澀的我，在眾多大人的陪伴下成長茁壯。當然，人生不可能一帆風順，雖然從小就仿效「少女波麗安娜」，即使身處逆境也會往好的地方想，不過在這樣的日子裡，我漸漸開始感到不自在，點綴在桌上的小花勉強維持著我的呼吸。

為了在乾涸的日子裡注入一股清流，為了追求恬靜且和緩的生活節奏，我跑到信州旅行。那時，廣告文案中的「蓼科」就出現在我面前，深深吸了一口甜美的綠色氣息，慢慢地，我找回了那個喜歡嘎嘎笑的我，彩虹的彼端彷彿出現了一條小徑。

喚醒沉睡的森林，享受充滿生命力的木質氣息

蓼科的空氣宛如一杯透明飲料，隨著季節改變，每天幻化成不同的味道。草叢編織而成的酒吧之門一如往常地敞開著，來到這兒可品嘗免費的雞尾酒，聆聽鳥囀與風鳴的自然之聲。

一到冬天，吧臺略顯孤寂。我用力踩著雪，撿拾松樹與冷杉的枝條，將結冰的常綠枝條疊放到大器皿中，發出沙沙的聲響。接著在那些枝條上擺放幾片蜜柑皮，注入熱騰騰的熱水，沉睡的森林彷彿在房間裡甦醒過來，身軀也逐漸放鬆，一切瞬間恢復了生命力，這一刻顯得不可思議。

這是任何人都可以變出的簡單魔法，不僅將自己置身於大自然的懷抱中，也體驗到取之於大自然的喜悅。

生活的真意

兒子三歲大時，我越發嚮往信州的生活，丈夫也厭倦了地下室的喧囂與稀薄的空氣。在好奇心的驅使下，我們一家三口就這樣搬到了蓼科。在新家蓋好前，我們向當地的農家租了間空房子，陽光普照的夏季，待在涼快的木屋裡簡直是身處天堂，朋友們也常來這兒度假。

蓋新房時出了點狀況，工程一再延宕。轉眼間吹起了秋風，雨雪交加，然後終於全都是雪花。我牽著兒子的手往返室外的廁所，對懷有身孕的我來說，這件事滿吃力的，我們的身軀都因為寒冷而顫抖不已。剛養的貓咪只要一跑出去，門就沒辦法關起來，寒風會從房裡的各個角落灌進來，就算使用柴爐取暖，就算這臺柴爐是工業用規格，而且一臺要價三千日圓，木柴也一下子就燒完了。禍不單行的是，細細的煙囪動不動就堵住，煙出不去倒灌到室內，不得已只能將所有的窗戶都打開，如此一來，室內就又回到最初冰冷的狀態。將兒子抱進澡盆時，我的頭髮往往已經凍得像一條條冰柱了。

第二年冬天總算搬到了新家。寒冬之中無可倖免地，水管破裂，馬桶產生裂痕，一個晚上窗邊的植物就被凍傷，我們再次體驗到了零下十五度的恐怖，也領會了如何以凍僵的手指頭打開防凍水龍頭及排掉水槽裡的水。行駛在凍結的道路上，有時會打滑，有時會掉進水溝，心裡總是七上八下的。

儘管如此，雪白的八岳在夕陽的映照下呈現玫瑰色，水蒸氣凝結而成的「鑽石塵」美得如真似幻。小動物在雪地上留下腳印，是停了下來？還是在猶豫往哪個方向走呢？眼前這些景物，使人不由自主發揮了天馬行空的想像力。從冷杉樹撲通掉下來的雪堆，讓小朋友和狗狗都嚇得跳了起來。你可以在雪地裡盡情玩雪，眼前宛如一座冬季樂園，身體內彷彿充滿了清澈的空氣，鼓動著生命。

假設那時經濟富裕，能住在理想中溫暖的房子裡，那麼我就無緣體會到生活的真意了！一開始住了一年半的房子，以及剛起步的香草鋪子，這些房子原先都是這一帶居民的住所。這段時期生活過得簡樸辛苦，但是正因身處寒冷艱辛的環境，讓我更能留意到無懈可擊的美景與豐富的大自然，不僅希望能居住在這兒，也希望能好好地在這裡生活，以興趣維生。

杯湯般的滋養——印度豆奶茶

身處寒冷季節，不僅身體，心也會感到那麼一絲疲憊，這時可以碰碰沉睡中的植物，摸摸貓咪，慢慢享用一杯印度豆奶茶。記得雙手要捧著茶杯喝唷！茶杯能溫暖雙手，豆奶茶能使整個身體暖和起來。

這杯奶茶偶爾也會在冬季講座的午茶時間登場，大家呼呼吹著熱茶，臉上泛著紅暈，洋溢幸福滿足的神情。能使身子暖和起來的香草植物、薑，以及能夠幫助促進血液循環、排毒的胡椒薄荷皆有益於消化系統。

大豆與寒天富含營養與膳食纖維，能幫助排除體內毒素，讓身體變得更美麗健康。寒天是我們茅野市的特產，當地人都將它用於甜點或料理之中。坊間雖然有許多寒天的食譜，但這一杯豆奶茶也絲毫不遜色唷！

印度豆奶茶（1杯）

紅茶葉（烏瓦）……1大匙
（紅茶種類可以個人喜好選擇）
水……100ml
豆漿……140ml
薑粉……1/4小匙
（也可以取用1/3小匙的生薑泥取代）
胡椒薄荷……1小匙
鹽……少許
蔗糖……4小匙
寒天條（洋菜條）……3cm

作法

1. 寒天條洗淨後撕成塊狀。
2. 先將紅茶葉與水倒入長柄湯鍋中，再移至爐火上加熱。等紅茶溫熱後倒入豆漿，整個煮滾後，再加入薑粉與胡椒薄荷，隨即熄火並蓋上鍋蓋燜1分鐘。
3. 加入鹽、蔗糖與寒天，開小火煮至寒天融化為止。
4. 以濾茶網過濾茶葉即可飲用。

從果醬罐子到蒸餾酒瓶

剛搬到信州時，散步途中會經過一間小屋，很像小時候祖父家庭院前的隱居室。我問了一下屋主可否將房子加以整修，讓房子有較良好的通風效果，想改為陶藝工坊使用。房東是位很有威嚴的女士，駕駛大型拖拉機，她說當初移居到這一帶時，曾在這小屋待過，這裡是她與先生同心協力建造而成的回憶之家——天花板被地爐的煤炭熏得黑黑的，在寒冬裡，只隔著一面薄薄的木板牆禦寒，包著頭巾在屋裡休息……她微笑訴說著這一路走來的點點滴滴。我很開心能找到這間房子，便下定決心在此落地生根。

我以攪拌過的泥土塑形，在泥塑的器皿上塗抹自製的釉彩，然後經窯燒後完成作品。我在青草散發的香氣之中，開始製作北鎌倉時期所學的陶藝。丈夫則是開始經營射箭場，一圓他學生時代以來的夢想。儘管如此，收入還是很微薄，多虧母親她們的幫忙才過得去，離養家糊口還差得遠呢！

既沒有錢也沒有工作的我，每天和兩個兒子在原野或森林間散步。

蓼科的大自然就像一間超市，不需要花錢就能取得食材、浴鹽及化妝水等日常用品。大自然也是我的新學校，而我的老師就是一本《學生版牧野日本植物圖鑑》，既輕巧又便宜，值得信賴。光憑那一本黑白圖鑑難以辨識植物，我只好將有毒的果實放入嘴裡，覺得不好吃就吐出來，現在回想起來也算是夠大膽的了。

在大自然中接觸花花草草，無意間觸動了我自栽香草的念想。我試著把過去在陽臺種不活的香草植物，拿到這塊寬廣的大地種種看，結果這些綠色香草日漸茁壯，散發宜人香氣。我想知道更多關於香草植物的故事與用法，於是一邊查字典一邊翻閱著厚厚的原文書。在小朋友入睡後或早晨未醒前，我的心不由得飛到了還未巡視的大地及香草上，這些花草充滿無窮魅力，最終我關掉了一度嚮往的陶藝工坊，改為經營香草鋪子。

與草木對話不需要任何語言，曾經有那麼一天，我沒有遇見任何人，整天沒開口講半句話。大自然中的生活令人心滿意足，偶然遇見久違的朋友時，卻驚覺自己變得詞窮。喜歡看書看電影的我，總是受到文字及語言的鼓舞，有時歡笑，有時感動落淚。語言由人發聲與編織，我領悟到不論是人或自然，對我來說都是珍寶，少了哪一樣人生便會索然無味，我需要兩者交織的生活。

過去在「青山蘋果亭」裡，各行各業的人圍坐著飲酒，那時的店感覺就像是裝著綜合水果的果醬罐子一般，散發出難以言喻的味道與香氣，是個會讓人恢復活力的地方。而今，除了人，連松鼠與小鳥也都會來蓼科的香草鋪子湊熱鬧呢！從酒轉變為香草茶，我在這兒摸索著療癒自己與他人的方法。這家小店是一個可以慢活的地方，不再是以前的「果醬罐子」，而像是「蒸餾酒瓶」，瓶子裡裝滿了我以真心佐時光釀造而成蒸餾酒。這是我所獲得的成長，在流光之中，花了將近四十年終於能夠以此維持生計。

這裡才有的東西

店門口的門鈴卡啷地發出聲響，客人走了進來，還好冬天仍維持營業沒有休息。剛開張的那段時期，就算夏天也乏人問津，旅遊雜誌上未曾介紹這間緊鄰著度假別墅的小店，而且那時也還沒有網路。

玻璃瓶裡裝滿香草，採秤重的方式供客人選購，不過銷售不如預期。香草茶普遍被稱為花草茶，那個時候每當客人問我：「花草茶在東京不是也買得到嗎？」我便發誓要研發出只有這裡才買得到的「花草茶」。靠著在蔘科被訓練出來的視覺與味覺，我開始調配起各式原創香草茶。一看見窗邊有客人經過，便遞上一杯熱騰騰的香草茶，希望客人會喜歡。

靜靜地慢慢地，這裡的配方逐漸受到青睞，有的老客人甚至特意從遠方前來。從他們身上我領悟到了一件事，好喝的茶能讓身心靈感到幸福。我的食譜筆記伴隨著成長的喜悅，愈變愈厚！

許多客人進了店裡就會問：「這是什麼香味？」也常有人說：「想買這個香味的東西。」天花板懸掛著乾燥的香草植物，室內點著熏香

Chelsea Physic Garden
FOUNDED 1673

燈，除了這些味道，室內還散發著一股宜人的香氛，這香氛是經年累月而成的。在這裡所品嘗的、所看到的商品都是無法論斤論兩的。

HERBAL NOTE首先要招待大家的是一杯茶及這裡的香氛。展示架上擺著後山採集的蜂蜜、木作及陶瓷器皿，還有加了離島鹽巴的芳香蒸餾水。手作工藝品以及隨手拿起的每樣東西，它們背後都有一段故事，不妨拿起來瞧瞧！你一定可以從中感受到些什麼。

差不多要關門了，趕緊將當天的茶葉渣倒掉，並且將地板清掃乾淨吧！細雪紛紛，晚安囉！這兒的香氛暫時要進入夢鄉了，明天它將再次醒來，迎接來訪的你。

德文郡的回憶——玫瑰護膚霜

三十年前，我在英國某個莊園的小店裡發現了貼有手寫標籤的護膚霜，我對於這瓶護膚霜的生產者、生產地感到相當好奇。終於，隔年我走訪了離德文郡小鎮有一段距離的蜂蜜農場。

工坊前是一整片濕原，帚石楠布滿了英格蘭的原野，在這裡工作、生活的一對夫妻性格純樸，待人和藹可親。護膚霜是以自製蜜蠟與泉水製作而成，原料取之於濕原，無須細究製作步驟，已能感受到它是人與空氣的完美協作，是這裡才有的護膚霜。

我也仿效他們的作法，取用蓼科的蜜蠟以及南阿爾卑斯山泉水製成的玫瑰水，完成了一瓶護膚霜，觸感光滑，質地細緻，深受客人的青睞，是本店的人氣商品。

玫瑰護膚霜（約40ml ）

蜜蠟……4g（1小匙）

玫瑰純露……8g（2小匙）

荷荷芭油……20至24g （5至6小匙）

硼砂……指尖捏一小撮

＊可使用純水或礦泉水取代玫瑰純露，亦可使用其他植物油取代荷荷芭油。硼砂能夠促使水和油產生乳化作用，可以在藥局買得到。

作法

1. 將蜜蠟切碎倒進鍋子裡，隔水加熱使之融化。隔水加熱持續到步驟3。
2. 依序加入玫瑰純露與荷荷芭油，並充分攪拌。
3. 加入硼砂，充分攪拌至硼砂融化為止。
4. 將鍋子放進盛有冷水的調理盆中冷卻，快速攪拌使空氣打入。攪拌至質地柔軟即完成。

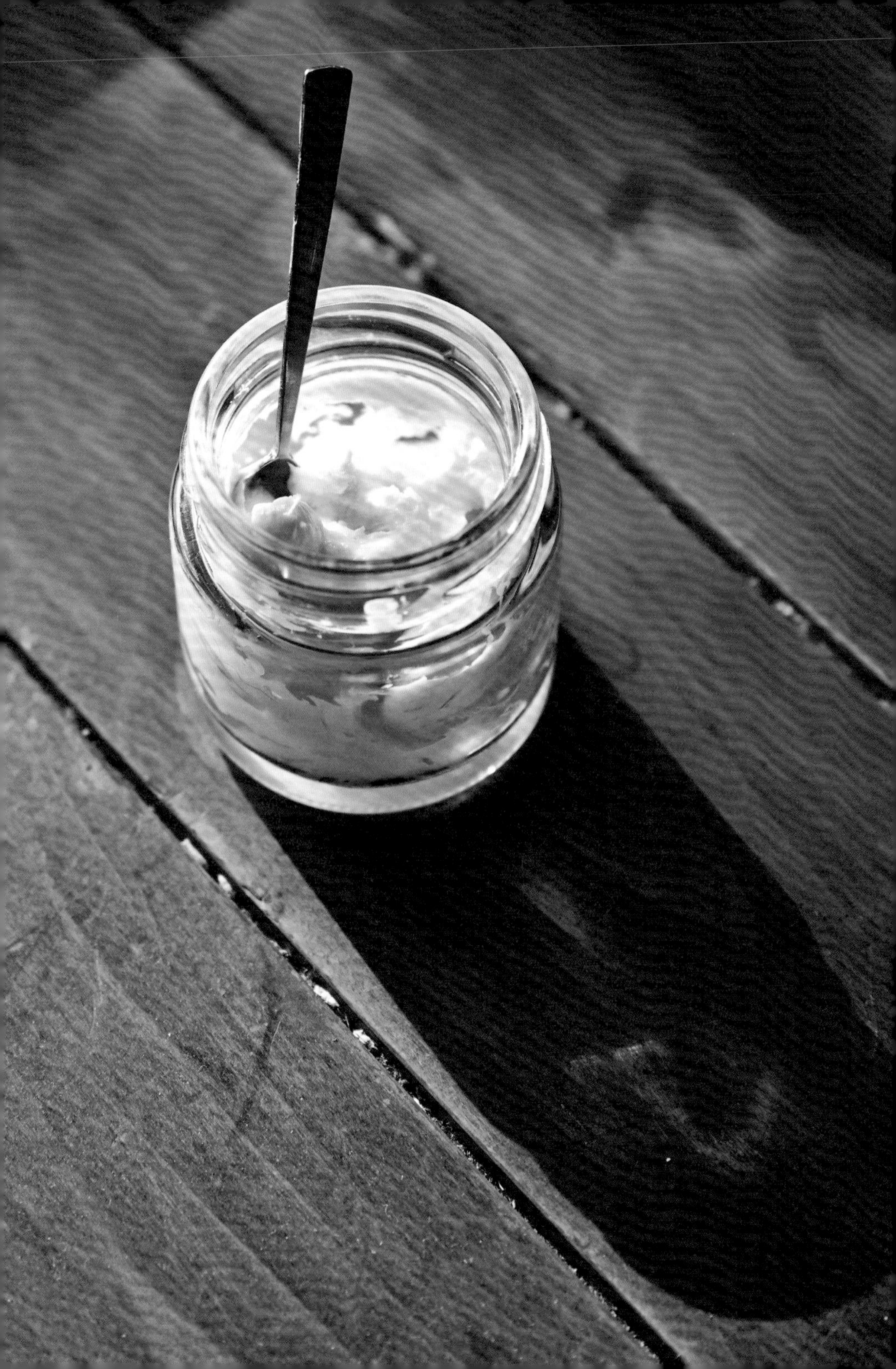

時間的搖籃

春天即將到來，走過嚴寒的冬天，才能迎來美好的春天，大自然的節拍器不急不徐，它彷彿將手放在我的肩頭上，告訴我要「慢慢來」。隨著四季更迭，一年一年的日子裡，愈來愈懂得親切地對待自己。長期居住於一個地方，從生活中領悟到的一些道理宛如無價之寶。

我們永遠不清楚生命何時畫下句點，如果你比我年輕，請用心活在當下，如果你比我年長，時間會是你真摯的朋友。今天、明天且讓我們共同歡笑，且不忘保持幽默。

喝過一杯茶之後，不妨到庭園走走吧！不一會兒你就會瞧見，頭頂著雪花的可愛雪花蓮，小花的球根與種子們彷彿停止呼吸般沉睡著。空氣沁涼，令人感到格外新鮮！我喜歡那一方經過時間洗禮的庭園，飄落於大地的葉片滋養了土壤，雜草使土壤變得鬆軟，防止大地變得乾燥。原本想花點兒心思整理庭園，沒想到這樣的庭園卻撫慰了我的心。以往在陽臺種不太起來的植物，現在都變成了我最要好的朋友。

這裡的綠意如音樂般流動著，靜下心來仔細聆聽，胸口有節奏地跳動著。在這兒找回我們體內原有的音感，盡情體會四季帶來的節奏吧！

窗邊的冰柱在陽光下開始融化，春天的腳步愈來愈近了呢！

生命獻禮：香草植物&芳香療法❶

美麗的香草植物

健康的生活少不了香草植物。香草植物經過了時間的洗禮與淬鍊，我相信其中蘊含的能量能使人們擁有健康。我在蓼科生活，這期間嘗試著推廣香草植物。欣賞浮在紅茶上的薄荷，那是庭院裡種的。庭院裡還有德國洋甘菊，那小小的種子彷彿會被風吹走，從播種開始看著它日漸茁壯，一直到它第一次開花時的那份感動，至今仍記憶猶新。書中記載的那些植物生機勃勃地出現在眼前，散發清新的氣息。香草植物外觀纖細美麗，令人感到安心，它們改變了我的廚房、藥箱內容物，甚至影響了我的生活。

香草植物運用廣泛，學問深奧，一般大眾比較熟悉的就是香草茶。香草茶入口穿鼻時會帶來一陣清香甘醇，經過喉嚨進入消化道內，靜謐溫柔地撫慰人心。我一一品嘗了多種香草植物，並參考傳統的配方茶，經過不斷比較與改良，終於調製出適合日常飲用的香草茶。好喝的香草茶是我的驕傲！

那麼，請為親友及自己慢慢倒杯茶吧！你的內心會感到平靜，充滿寧謐的喜悅。香草植物彷彿在熱水中與香氛共舞，展現美麗的舞姿。一匙的香草除了具有保健效果，也將領你前往令人眷戀的原野森林。

常備香草植物建議皆經過乾燥處理。首先要推薦給大家的香草茶配方是德國洋甘菊、香蜂草及小葉椴，味道與香氣柔和不刺激，從嬰幼兒到老年人皆能飲用，只要適時變化配方與分量，一般的家庭生活及各種家庭活動都能派上用場。

幾種具有養顏美容功效的香草茶，也是不錯的選擇。配方包括百里香、胡椒薄荷、法國薔薇、檸檬馬鞭草、檸檬香茅、西洋接骨木、錦葵、金盞花及甜橙等。有的香草具有不錯的保健功效，有的則能夠讓茶變得更為順口。除了這些，還有各具功效的香草植物，請聆聽你的身體，尋找屬於自己的香草茶吧！

十二種基本的乾燥香草

可供日常緊急使用的香草有三種，另九種香草則可加以調配組合，讓運用的範圍更廣。

德國洋甘菊 ❸

Matricaria recutita

菊科母菊屬・一年生草本植物

歐洲傳統家庭的常備香草植物。學名有「子宮」之意，是女性與小孩的萬用香草植物，有助於抗發炎、止痛、鎮靜及減緩痙攣。洋甘菊茶能減輕腹痛、生理痛及失眠等症狀，亦可舒緩曬傷後紅腫的皮膚，可當潔顏液使用。

香蜂草 ❶

Melissa officinalis

唇形花科香蜂屬・多年生草本植物

對人體的作用柔和，能幫助增進記憶力、促進消化、出汗，並具有鎮靜效果，尤其能舒緩因情緒緊張所引起的胃炎。感冒、失眠或心情低落時，不妨來杯香蜂草茶吧！睡前適合搭配德國洋甘菊飲用，平時搭配胡椒薄荷則可幫助消化。

小葉椴 ❹

Tilia cordata

錦葵科椴樹屬・落葉喬木

小葉椴的花朵呈現奶油色，泡成茶水效果溫和，屬萬用香草茶，特別有助於放鬆神經系統、幫助消化、出汗、利尿、祛痰及降血壓。味道柔和，易與其他花草搭配飲用，為常備的香草植物之一。搭配胡椒薄荷能舒緩夏天所引起的消化不良；搭配香蜂草有助改善失眠的情形；搭配錦葵則能提高美白效果。

百里香 ❼

Thymus vulgaris

唇形花科百里香屬‧常綠小灌木

在野生環境中具有很強的生長能力。所開的花兒很受蜜蜂的青睞。有助於防腐、殺菌、祛痰、促進消化，搭配錦葵飲用有助舒緩感冒與喉嚨疼痛，搭配羅勒有助改善便祕問題。料理時適當使用，有助於維持健康。

胡椒薄荷 ⓫

Mentha × piperita

唇形花科薄荷屬‧多年生草本植物

具有清爽的味道與香氣，有助緩解因飲食過量所造成的消化器官不適症狀。能夠幫助強身健體、止痛、發汗、殺菌及解毒。疲勞時可搭配檸檬馬鞭草一起飲用。

法國薔薇 ❿

Rosa gallica／Rosa officinalis

薔薇科薔薇屬‧落葉灌木

屬於藥用植物，也被稱為藥房裡的玫瑰。功效十分廣泛，有助於收斂、強身健體、殺菌、抗發炎及促進消化。添加覆盆子葉與德國洋甘菊的配方茶能幫助舒緩經前症候群。夏天如果手腳冰冷，則可搭配肉桂飲用。容易感到疲倦的人，建議搭配迷迭香一起飲用。

檸檬馬鞭草 ❷

Aloysia triphylla

馬鞭草科檸檬馬鞭草屬‧多年生草本植物

葉子散發檸檬香，檸檬馬鞭草茶是一款人氣相當高的香草茶，搭配法國薔薇、胡椒薄荷一起飲用有助於恢復元氣。即使只是單純在飲用水中加一片檸檬馬鞭草，也能頓時感到一陣沁涼。可以將茶水冰鎮後飲用，相當好喝。

檸檬香茅 ❾

Cymbopogon citratus

禾本科香茅屬‧多年生草本植物

在東南亞地區相當普遍。具有檸檬香氣，能夠使香草茶喝起來更加順口。有助於促進消化、發汗及血液循環。也可以作為香料使用，常見於民族風的料理之中。

西洋接骨木 ❻

Sambucus nigra

忍冬科接骨木屬‧落葉灌木（在台灣種植為常綠）

促進發汗，有助於淨化身體、代謝老廢物質，亦有助於舒緩呼吸器官發炎等不適症狀。可添加於預防花粉症的配方茶中。

錦葵 ❺

Malva sylvestris

錦葵科錦葵屬‧多年生草本植物

在花茶中放進一片檸檬，茶水的顏色就會由紫轉為粉紅，相當受歡迎。有助於抗發炎、收斂、促進排便、黏膜消炎。喉嚨痛時可搭配百里香一起飲用。搭配德國洋甘菊與小葉椴則具有美白效果，可當化妝水使用。

金盞花 ❽

Calendula officinalis

菊科金盞菊屬‧一年生草本植物

別名金盞菊。泡成香草茶飲用，可幫助消化、調整肝臟的代謝功能。花瓣浸泡油則有助於燙傷或皮膚傷口的恢復。

甜橙 ⓬

Citras aurantium／Citrus sinensis **芸香科**

將橙皮切碎，乾燥後即可使用。味道甜美爽口，加入香草茶中有提味效果，沒有酸味，能幫助消化。

感冒時可飲用的配方茶

〔說明〕

大約三十年前，兩個兒子還小的時候，如果感冒了，我都會拿小葉椴與洋甘菊的配方茶給他們當藥喝。這個配方能提高免疫力、抗菌效果，並促進新陳代謝，喝了也會幫助出汗。喝杯熱呼呼的茶，身體會舒服許多，喝完茶就躲進被窩裡一覺到天亮吧！

〔配方〕

德國洋甘菊、小葉椴、胡椒薄荷、西洋接骨木花、百里香，各取二分之一小匙（共約三公克）。

香草茶的泡法

以煮沸的熱水兩百毫升沖泡三公克左右的乾燥香草。香草的分量約一匙，或指尖一小撮，或一小把，重要的是憑自己的身體去感覺並拿捏分量。泡約四至五分鐘，記得蓋上蓋子，讓茶燜一下。若配方中混有果實、種子或樹皮，可以再泡久一點。有些花草光憑「泡」的方式無法完全出味，此時可先將乾燥的香草原料切碎，以煎煮的方式製作香草茶。飲用混合多種材料的配方茶時，可以試著觀察第二杯的味道與養生效果。

芳香療法的世界

微風吹拂著香草田，竹籃裡裝著滿滿的薄荷與羅勒，薰衣草的一顆小花蕾就能撫慰我的心。香草植物無論在外觀或保健效果都引人注目，其中又以香氣為最，世世代代深受人們的喜愛。我想要深入瞭解香氣蘊含的精神，丈夫和他的好友蒐集了許多精油（Essential oil），在蓼科這塊大地，我憑靠著嗅覺去感受這些精油的香氣。其中，我發現了一種層次豐富的香氣，澄淨透明，令人聯想起田野。

精油於一九九四年引進日本，引進者是比利時藥劑師多米尼克·柏杜。蓼科正值初春，百里香的枝條上覆蓋著一層薄雪，多米尼克·柏杜嗅著百里香，認真與我聊著陽光與環境能改變植物香氣的種種。一般人總是認為藥劑師只重視化學成分與藥效，然而這不過是刻板印象，多米尼克·柏杜同時也相信大自然森羅萬象的香氣與植物自有其奧祕，這一點令我深受感動。這二十年來，我對芳香植物也是秉持著這樣的理念。

Aromatherapy被翻成「芳香療法」，是一種自然療法，藉由芳香植物所提煉出的精油來達到各種舒緩效果。從野地採集各種各樣的芳香植物苗株，經過栽培，再經過嚴謹的蒸餾步驟，不添加也不抽取任何成分直接裝瓶，一直到後來的檢驗分析，所有的作業都經由專業人士完成。大自然與人類合作無間，這些精油可以說是寶貴的「靈藥」。透過鼻子，香氣召喚著人的本能，直接連結記憶情感；透過皮膚，精油隨著血液及淋巴的流動，將植物中對身體有幫助的成分傳至全身。

香草茶可以讓我們藉由香草植物養生保健，精油則讓我們藉由芳香成分領受到植物菁華與力量。提煉一滴精油所需的香草，比泡一杯香草茶要來得多。請記得挑選品質可靠的精油，於自然療法中，慎選合適、濃度適當的精油是相當重要的。

從開始接觸精油到現在已將近二十年，我感受著植物，也感受著人的身心狀態，在這之間學習如何挑選合適的精油。為了瞭解精油的使用禁忌，我也同時修習了化學知識，一路走來彷彿闖入深山的森林中，在這趟探險之旅中感到喜悅與自在。香草植物的應用與芳香療法所帶來的好處超乎預料，是一種能讓人感受到幸福的自然療法。精油瓶中散發出來的香氣好像正問著你：「有什麼能為您效勞的嗎？」精油的香氣就像阿拉丁神燈裡的精靈，此時，倘若你能準確說出自己的身心需要，精靈將如你所願，滿足你與他人的需求。

十種入門款精油

這些都是家庭藥箱中的常備精油，必須以植物油稀釋後使用。

真正薰衣草

Lavandula angustifolia

唇形花科　萃取部位：花

家庭藥箱裡的首選精油。有助於舒緩疼痛、癒合傷口，同時能幫助安神舒眠。作用比較溫和，老少皆可使用。

澳洲尤加利

Eucalyptus radiata

桃金孃科　萃取部位：葉

有助於止咳化痰，能預防及緩和花粉症、流行性感冒等症狀。這一種尤加利精油較不具刺激性，能安心使用。

茶樹

Melaleuca alternifolia

桃金孃科　萃取部位：葉

茶樹是芳香療法中天王、天后級的大明星，普及全世界。有助於調節免疫力、預防感染。廣泛運用於呼吸系統、口腔、消化器官、皮膚及咽頭等身體部位。

羅文莎葉

Cinnamomum camphora

樟科　萃取部位：帶著葉片的小枝條

與真正薰衣草並列為「萬能藥」。無毒，任何人皆能使用。有較強的抗病毒與抗菌作用，並有助於保護肝臟及安眠。

紅桔

Citrus reticulata

芸香科　萃取部位：皮

甜美的柑橘味有助於鎮定情緒、安神舒眠、緩和憂鬱及改善小寶寶夜哭的情況。

永久花

Helichrysum italicum

菊科　萃取部位：花&莖葉

別名蠟菊，人們美其名為「太陽的精油」、「精油的寶石」。有助於抑制血腫，對跌打損傷與扭傷能提高復原的效果。對傷痕與皮膚老化也有一定的緩和功效。

檸檬尤加利

Eucalyptus citriodora

桃金孃科　萃取部位：葉

有助於舒緩消炎與疼痛。對肩膀痠痛、關節炎及腰痛也有緩和的效果。其氣味有防蚊作用。

花梨木

Aniba rosaeodora

樟科　萃取部位：木

有助於提高抗病毒與抗菌的效果，對人體溫和。對皮膚疾病、肺部疾病及幼兒的支氣管炎有舒緩作用，亦有助於美容。

胡椒薄荷

Mentha×piperita

唇形花科　萃取部位：全株

香味刺激，有助於止痛，能舒緩頭痛、消化器官不適及鼻炎等症狀。適可搭配其他精油使用。請注意，嬰幼兒、孕婦、哺乳中的女性、癲癇及高血壓患者不宜使用。

甜羅勒

Ocimum basilicum

唇形花科　萃取部位：花&莖葉

能舒緩胃痛、生理痛及肌肉痛等症狀，亦可緩和各種痙攣。有助於調整自律神經系統，亦可幫助消化。

感冒時適用的芳療護理油

〔說明〕

茶樹精油的抗病毒與抗菌效果強，有助於增強抵抗力。澳洲尤加利精油能舒緩喉嚨發炎，緩和咳嗽與生痰的症狀。羅文莎葉精油具有出色的抗病毒與安眠作用，能使身體獲得放鬆。將這三款精油混合植物油後使用，可發揮最大的功效。精油對身體的作用比香草茶快得多，當然，兩者並行不悖，如果仍想喝香草茶，可以兩種方式同時進行。請依身體狀況斟酌使用，身體會產生記憶，以後自然會知道適合的用法。

〔配方〕〔濃度百分之五〕

茶樹精油…四滴
澳洲尤加利精油…四滴
羅文莎葉精油…兩滴
荷荷芭油…十毫升

※一滴＝〇．〇五毫升
※一毫升約二十滴

〔作法&使用方法〕

在荷荷芭油中滴入精油，充分地混合攪拌後即完成。在胸前或手腕上塗抹四至五滴的芳療護理油，每隔三至四小時塗抹一次。如果對象是五歲左右的幼兒，請將配方中的荷荷芭油增加至二十毫升，以稀釋精油濃度；若是更小的幼兒，除了精油濃度須如前稀釋，塗抹用量也要減半，並視使用後的狀況適當調整濃度和用量。

第二章 春，雙手迎接柔和日光

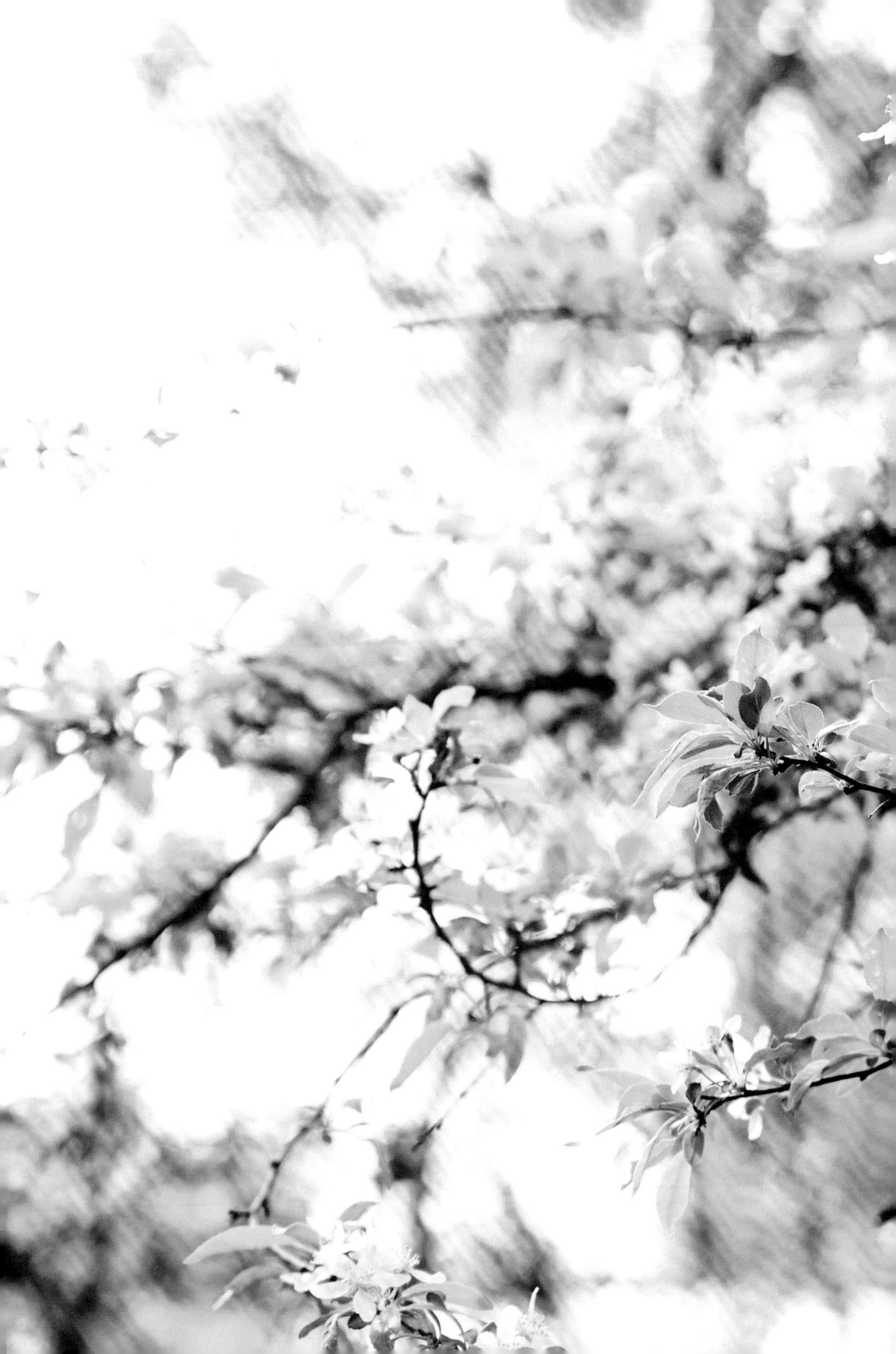

春的芬芳與色彩

漫步在清晨的薄霧中，枝枒上的小花蕾逐漸飽滿了起來，躲在落葉底下的球根也吐露了新芽。小溪旁的報春花與黃花九輪草、林間的香董菜，彼此不約而同地綻放著朵朵小花。

黃色、紫色、綠色……好不繽紛的春天！以這些蘊含香氣的嫩葉與花朵沏壺茶吧！把茶壺放在日光下，香草植物們悠閒地在玻璃壺中享受日光浴，茶經由日曬沖泡而成，美國原住民稱之為「太陽茶」。春天的香草茶香氣淡雅，倘若是夏天的香草，茶水就會散發出濃郁的香氣。嗅一嗅、嘗一嘗初摘的花朵，看著它在茶壺中搖曳的美麗模樣，讓人深切感受到初春的氣息。這壺香草茶值得以五感細細品味，我將它命名為「五感茶」。

要來份點心嗎？九十二歲的母親與小朋友們一聽到有點心，眼睛都亮了起來。拿一枝細頭的毛製畫筆，沾一些吉利丁液，將之塗抹在櫻花、三色堇、洋甘菊等花朵上，以及小片的香蜂草上。最後裹上一層細砂糖，點心就完成了。過去我以蛋白塗抹在植物上，現在則換成吉利丁液，即使對雞蛋過敏的人也可以安心享用。

獲贈了一些被剪下來的梅枝，趁著和暖的春風來玩布染吧！又撿了一些被風吹斷的櫻花枝條，可以將棉線和布匹染成淡淡的桃紅色、櫻花色。染布用的大鍋子不斷發出咕嘟咕嘟的聲響，鍋子中散發出春天的氣息，香氛如春日霞光，瀰漫著庭院，沐浴於這香氛中，臉頰也好似被染色一般變得有些紅潤。將染好的布晾在竹竿上，整個庭院頓時顯得格外熱鬧。

春雪漸融，我將泡過雪水的種子播種於箱子內，再輕輕撒上雪水，讓種子知曉春天的到來——這是古老園藝書上記載的播種方法。水、陽光和我，我們一起對種子呼喊著：「該起床囉！」這是我每年春天的「播種儀式」。播種是多麼有趣的一件事，當新芽破土而出，那模樣總是令人備感歡喜。

林中有幾棵山櫻花樹，柔美的櫻花顯得楚楚動人，靜靜地在草地與小徑上飛舞著。我回憶起曾經仔細氽燙帶有花瓣的野生鴨兒芹，回憶起第一年在這兒迎接春天時的喜悅。

初春時節還是會下雪降霜，不過身體已經可以感受到不同於冬天的氛圍。種子們藉由日照長短知曉了春天的到來，河邊的黃花茅成為貓咪們的沙拉，我奔向淡綠色的草地，彷彿置身甜美的夢境，一切的一切，我慢慢地觸摸、嗅聞、品嘗、聆聽及凝視。

心茶・養生茶

取來一只平常用來裝香草的碗，放進一朵花或一片葉子，注入熱水，茶香便靜靜散開。這是一碗近似白開水般的薄茶，我一如往常以雙手捧著茶碗細細品味，混亂的思緒逐漸恢復平靜，於是這同時也是一碗溫暖人心的「心茶」。

身體不適時，可放入大量的香草，將茶水泡濃一些，春夏的花草會充分發揮所長呵護著你，這一杯茶便成了名副其實的「養生茶」。

經營香草鋪子的過程當中，我發現香草茶不同的泡法、喝法及濃淡都會帶給人們不同的感受。療癒身心的香草茶可以用來照護自己，也可照護他人。春日裡的這一天，我邊欣賞著春景，邊喝著「心茶」。

這一天的「心茶」（參見左頁右上）

帚石楠……指尖捏一小撮
金木樨（丹桂）……指尖捏一小撮
茉莉花……2朵
熱開水……200至300ml

＊也可以使用其他簡單又方便的香草，例如一片香蜂草或檸檬馬鞭草的葉子，或者是薰衣草的枝條、玫瑰花瓣、洋甘菊花等材料，不過這一天我採用的是濕原上的帚石楠，以及「月光之友」茉莉花，還有一些金木樨枝條。喝下這碗茶，心會逐漸澄靜下來。建議可以泡淡一些。

這一天的「養生茶」（參見左頁左上）

異株蕁麻……2g
百里香……2g
熱開水……200ml

＊適合冬天新陳代謝不良時飲用，含鐵質、礦物質及葉綠素的異株蕁麻可幫助排毒，百里香則能提升抗菌力與免疫力。建議可以泡得比平常濃一些。

擁有香草名字的貓咪們

店裡養貓咪是有原因的，那是一開始經營香草鋪子的事了。老鼠從杉板節眼上的洞口跑了出來，宛如童話故事裡的野老鼠，是個不折不扣的搗蛋鬼。我那時採取的防鼠對策根本起不了作用，每當發現牠們的蹤跡，我的臉都綠了。我需要警衛！我從流浪貓保護團體那兒領養了兩隻小貓，分別取名為「馬尾草」與「艾草」，於是牠們就成為店裡的招牌貓了。

過了不久，性情溫和不怕生的「艾草」生了幾隻小貓，我們把這些小貓送給別人養，但其中有一隻不怎麼可愛的小貓前途堪憂，於是決定將牠留下來，並取名為「芥末」。「艾草」教她最愛的女兒「芥末」爬樹，母女倆一起度過了一個夏天與秋天，「艾草」就到天堂去了。一個美麗的秋日午後，「艾草」被車子撞傷，她在我的手臂中靜靜沉睡而去，我在小路旁立了一塊告示牌，上面刻著「艾草之巷」，希望車主行經此地時會注意到告示牌，進而減速慢行。每當觸碰到柔柔的艾草嫩葉時，不禁會讓我想起充滿陽光氣息的那隻貓咪。

「芥末」和她的媽媽一樣，在一樣的季節當上了媽媽，在生完健壯的女娃後，像個運動健將在庭園裡奔走吃著貓薄荷。當上爺爺的「馬尾草」與小朋友們維持著友好關係，大部分的時間都躺在門口的椅子上午睡。「芥末」怕小朋友，現在還是怕生，見人拔腿就跑，只有遇到喜歡的人才會帶他到庭園逛逛。「芥末」所生的小貓們分別取名為「紅豆」、「黃豆粉」、「牛奶」及「鼠尾草」，家族多了幾隻新成員，牠們像保護著威士忌桶不受老鼠危害的蘇格蘭貓咪一般。這一天，貓爺爺一如往常地帶領著女兒及她的小貓咪們，在蓼科各自堅守崗位呢！

早春之味
異株蕁麻濃湯

異株蕁麻一般生長在小溪旁。異株蕁麻是童話裡那些後母或魔女的最愛，如果不小心碰到它，皮膚會刺刺痛痛的。在歐洲這是很常見的野草，具有多種功效，也有各種烹調方式，每種烹調法都相當吸引人。

我想瞧瞧它的模樣，於是自己拿種子來播種，現在庭院裡長得到處都是。為了防止好動的小朋友被刺傷，我會將異株蕁麻割下來，不過割的速度總趕不上它生長的速度，因此如果要種植於庭院，請特別留意。

這是一碗營養滿分的濃湯，只有採用春天的異株蕁麻才煮得出來。只要經過烹煮或日曬，異株蕁麻的刺刺感就會消失，乾燥後可製成香草茶。向它致上謝意之後，戴上皮革手套，避開刺刺的地方喀嚓一聲將它折斷——我還滿喜歡這種緊張刺激的感覺。

異株蕁麻濃湯（4人份）

洋蔥……中型1顆
馬鈴薯……中型1顆
昆布高湯……4至5杯
異株蕁麻……煮過的1/2杯
鹽＆胡椒……各少許
液體鮮奶油……100ml
橄欖油……2大匙

作法

1. 將洋蔥切末，馬鈴薯切塊，以橄欖油均勻拌炒。
2. 洋蔥變軟後，加入昆布高湯，以小火熬煮至馬鈴薯熟透為止，接著撒入鹽與胡椒。
3. 將煮過的異株蕁麻切絲放入，以手持式攪拌機將湯打成濃湯狀。
4. 加入液體鮮奶油。不攝取乳製品的人，可換成豆漿製成的鮮奶油，用量可依個人喜好斟酌。
5. 再加熱一下，待沸騰就可以熄火上桌。

沉甸甸的夏蜜柑

初春，收到了從水俁寄來的甘夏橘與伊予柑，每一顆都充滿南方陽光甜蜜的滋味。農民秉持讓大家安心享用的原則，沒有噴灑任何農藥，也沒有上蠟，圓滾滾沒有菱角的夏蜜柑是他們用心栽培出來的果實。水俁是個臨海的縣市，不少農民同時也是漁民，因為工業汙染，他們受不明原因的病痛所苦，不斷向國家及企業抗爭。

石牟禮道子有一本著作名為《苦海淨土：我們的水俁病》，這本書讓我對水俁這個地方產生了更深的關注。破曉與黃昏時刻，大海波光粼粼，美麗而神祕，然而，這樣美麗的大海，以及靠海維生的善良人們與各種生物，被蠻橫無理的公害所傷害了。文章裡有道不盡的辛酸與悲哀，優美的文筆飽含著濃濃的哀愁。當時有一位曾任職於諏訪中央醫院的今井澄醫師，他為水俁的農民們提供了不少支援與協助。因緣際會之下，我與水俁的農產者有了接觸，感動於他們的堅持，總會與朋友合購這些農民生產的橘子，至今已經持續近四十年之久。雖然我的支持不過杯水車薪，但我相信力量再小也要持之以恆。

剛搬到信州生活時，沒什麼錢可以買書，我的樂趣就是逛市集內的移動

Wild Flowers

圖書館。書架上的圖書有限，我第一次從書架上挑出來的那一批書就包括了這本《苦海淨土》，以及福岡正信的《自然農法：一根稻草的革命》、住井すゑ的《沒有橋的河流》。偶然邂逅了這些書，它們給予我昂首向前邁進的動力。

三十多年前含有食品添加物的食品日益增多，那個時代也開始重視起食安問題。一直以來，我藉著與朋友合購的方式，找一些可以讓小朋友享用的食物，並開設了魚與雞蛋的露天市集。可能有人會疑惑我們為什麼採合購的方式，那是因為在那個時代，如果自己不採取特別的行動，有的東西是買不到的。那時可不像現在，現在訂東西既輕鬆又方便，可以在多樣商品中選取自己所需的東西。

因為有市集，魚販遠從東岸的銚子市載著滿卡車的鮮魚來到此地，以天然冰塊冰鎮的魚貨顯得閃閃發光，我也因而學會了如何挑魚及如何處理。處理及冷凍當天買來的魚貨雖然麻煩，看到小朋友開始期待起吃魚的日子，我卻感到相當開心，想必魚肉很美味吧！居住在不靠海的縣市卻能享用新鮮的魚貨，這並不是一種炫耀，而是有小孩的母親們的一種期許。懂得珍惜及享用近海魚類，就是在守護這片美麗的大海，希望將它留給我們的下一代。

酸酸甜甜的夏蜜柑抱起來分量挺重的，它是我決定在大自然中過著簡樸生活的原點。心中銘記著這些飲食觀念與生活方式，張開雙手，再次擁抱春天的大地。

橘色的沙拉・香氛劑・入浴劑

一起享用產地認證的柑橘吧！每次吃剩的柑橘果皮，除了可以作成果醬，也可以製成香氛劑和入浴劑。還有另一個功用，就是可以利用柑橘皮洗碗，這樣就不需要洗碗精了，柑橘皮內側的白色部分可作為海綿使用，洗好的碗盤會散發出清新的香氣，物盡其用，一點都不浪費。

我們家的招牌沙拉是伊予柑胡蘿蔔沙拉，含有豐富維他命。柑橘製成的香氛劑賞心悅目，柑橘皮香氛宜人，總能溫暖人心。乾燥的柑橘皮加入去年春夏乾燥處理過的香草葉，就化身為可以讓身體暖烘烘的入浴劑了。

來自水俣的美味橘子，為日常生活帶來了難以言喻的幸福感。

伊予柑胡蘿蔔沙拉（2人份）

伊予柑⋯⋯⋯1個
胡蘿蔔（切絲）⋯⋯1/2條
橄欖油⋯⋯1大匙
鹽＆胡椒⋯⋯各少許

作法

1. 伊予柑去皮，將3/4的果肉切成一口大小，剩下的果肉則打成果汁，果皮則削薄切碎後取一小匙。將前述的果肉、果皮與胡蘿蔔絲攪拌均勻成為沙拉。
2. 在步驟1的果汁中加入橄欖油，撒入鹽與胡椒即成為了沙拉醬。將醬汁加入步驟1完成的沙拉之中拌勻即可食用。

春天的香氛劑

每到春天，朋友總會送我一些可愛的含羞草，我在完全乾燥的柑橘皮中，加入了含羞草的花與葉，最後再滴上一滴苦橙葉精油（以苦橙枝葉淬鍊而成）即完成。

飽含陽光的入浴劑

將乾燥的柑橘類果皮、迷迭香、月桂、香茅、檸檬香茅及德國洋甘菊等香草植物混合在一起，大約抓一把的量裝入小布袋裡即完成。

紫羅蘭色的生命線

書架上有一本紫羅蘭色的美麗書籍，好久沒有翻閱它了。這本書是我三十多歲時，在一間倫敦古老香水店裡發現的，那時它被置於一個昏暗的角落。書中寫著香氛花朵的各種小故事，並附有精美圖片。從書架上取下這本書，我還記得當時噴在書上的紫羅蘭香水味。

望著窗外，林中與庭院裡也開著各種不同的紫羅蘭，雖然花朵小巧玲瓏好像可愛的小精靈，但馬上就能發現它們的芳蹤，其中香菫菜的甜美氣息最為濃郁。

今年春天，我完成了一束手可盈握的紫羅蘭小花束。這幾年在採花時不禁會想起一位朋友。我與這位朋友相識大概已是二十年前的事了，我們兩個人同樣深愛著香草植物，可說志趣相投。有時候她脫口而出的福島腔調，聽起來會讓人覺得很可愛。我與她曾經一同去旅行，在科西嘉島上一起採摘永久花的黃色花朵，接觸許多原野植物，夜幕降臨之後就在海邊閒話家常。我們也曾一起探訪馬達加斯加島，欣賞猢猻樹間的美麗夕陽時，兩人不約而同地感動落淚。當我們親眼目睹依蘭依蘭精油

的原始蒸餾法，兩人都驚訝得不得了。長途旅行的第一天我的腳就扭傷，她則得了重感冒，然而回憶裡盡是愉快的點點滴滴。

她曾經與人合夥經營咖啡館，也曾經是芳療師，卻因為地震，同時失去居住與工作的地方。地震過後不久，空氣與大地布滿了塵埃，喜愛植物的她無法再採收春天的紫羅蘭與野菜了，恐懼與悲傷讓她身心俱疲，後來又患上卵巢癌，過著痛苦的日子。

對於這位摯友，我所能做的，就是默默地過著生活，播種採花，一如往常地從遠方默默陪伴著她。後來，她開始會藉由言語表達她的喜怒哀樂，透過圖畫、信件或電子郵件，我默默地理解著她的感受，並適時給予回應，好似撫摸她的背輕柔地安慰著她。隨著季節更迭，她現在認真地過著每一天，眺望晨曦，沿著阿武隈川散步，重視保暖，實行針灸，開始能為別人盡一些心力，也懂得以幽默化解煩憂，而且再度展開芳香療法的教學及移動咖啡店的經營。

恢復以往的生活就等於找回了自己。對我們來說，散發朦朧香氣的紫羅蘭花束，宛如一條看不見的、很細很細的救生索。你的手裡應該也有這樣一條紫羅蘭色的生命線吧！這條線無須遠求，只在於你我的日常之中。

悠然自得，滿懷感恩，享用大地所賦予的「當下」

將庭院中剛摘下的綠葉汆燙一下，滴幾點醬油即可享用。我問草的名字叫什麼，那人回說是「卡茲卡茲」。她將頭髮整個盤了起來，插上髮簪，沒有化妝，只擦了紅色口紅。沾滿黏土的手，總是拿著加著熱水的威士忌，說話辛辣，個性直率——她是我在北鎌倉學習陶藝時的老師。我一直想找機會再去拜訪她，沒想到她已不在這個人世間了。

這個「卡茲卡茲」甜甜滑滑的，味道柔和，沒有野草強烈的青草味，在蓼科我才第一次知道它叫做「重瓣萱草」。春天的滋味總是這樣柔和，宛如氣質非凡的陶藝家，每次品嘗它，都會讓我想起那位陶藝老師，它現在仍舊是我的「卡茲卡茲」。

尋找可愛紫羅蘭的那雙眼，開始尋覓著餐桌上的好食材，西洋菜在冰涼的小溪邊染綠了河水，蜂斗菜從向陽處的枯草間冒出頭來。我第一次發現日本俗稱為「臺灣水菜」的西洋菜時，雀躍不已。水芹也是春天的好食材，可以取它的葉子與嫩莖醃漬成味噌醬菜，將切碎的味噌水芹拌入剛煮好的白飯中，餐桌上洋溢著春天的氣息。水芹的根部也可食用，洗乾淨之後裹上一層薄薄的麵糊，下鍋油炸即是美味的一道菜。我在東京沒看過根長那麼長的水芹，真的很好吃！庭院裡長有西南衛矛的新芽，這裡的人稱它為「樹芽」，每當產季來臨，我會單手採一杯的量，油炒過後真是美味！

自從定居於此，「原野什錦炸餅」成了我們家的招牌菜。魁蒿、金錢薄荷、蒲公英、三色堇、鴨兒芹及日本木瓜的花朵……將眼前原野裡的花花草草混合攪拌，炸得酥酥脆脆的，多種晶瑩剔透的色彩並陳，格外美麗。這一天我炸的是魁蒿與蒲公英，沒有過多的調味，撒上一點鹽，淋上一些醬油，一道美食就完成了。食材並不是跋山涉水採來的野菜，而是眼前的原野所饋贈的禮物，只需要花一點巧思即可上桌，令人開心。

我提著菜籃開心地外出，外頭一如往常顯得綠意盎然。現在我認識的植物變多了，已經不需要帶著植物圖鑑了。春、夏、秋、冬，不論在什麼季節裡發現了什麼新的植物、遇見了哪些熟悉的面孔，都是一種幸福。今天，就到野地裡去晃晃吧！我的身體也感受到春天的氣息了呢！

從右上開始，順時鐘方向依序是：炸水芹根、炸蒲公英花葉+魁蒿／涼拌「卡茲卡茲」／味噌水芹拌白飯／油炒西南衛矛／味噌水芹。

獻給想要打造庭園的你

春天的空氣如酒，度過嚴冬的植物們優雅地品味著、陶醉著，它們靜靜地展現身姿，裝扮著春天的庭院。庭院渲染著一抹淡綠，其間花兒隨風搖曳，在陽光下顯得閃閃動人。

打造庭園時，我習慣直接在地上畫設計圖，拿著細長的木棒，以線條畫出這裡是條小徑、那裡是菜園，就像戴著紅尖帽的小矮人般辛勤地規劃著。微風吹拂著空蕩蕩的大地，在陽光的照耀下，腦海浮現出庭園的藍圖，那是如夢般的瞬間。我喜歡原野般的庭園，在庭園裡，我需要做的就是讓植物自在地生長，剩下的就交給時間。

你喜歡什麼樣的庭園呢？如果有一方空間能夠讓我栽植料理用的香草，養護可以送給人們的花兒，我就會感到相當滿足。凱特格林威的繪本《在窗下》中有一幅插畫，畫中兩位少女在庭園裡喝茶，綠色草坪與雛菊像地毯般延伸著，桌上擺著李子蛋糕與草莓，蘋果樹盛開著花朵，烏灰鶇歡快地歌唱，整個畫面可愛得讓人想置身其中——這就是我嚮往的庭園。

小時候常在祖父家的庭園裡玩耍，悲喜交織，現在有時候還會夢見那個庭園。那兒有山茶花樹，樹下是我的祕密基地；那兒有法桐樹，我曾經爬到樹上去；那兒有倉庫，倘若爬上屋頂，就可以摘採無花果來享用，也可以吃木莓與茱萸的果實潤潤喉；那兒還有小圓池，池裡飼養著金魚，驚慌的貓咪有時候會掉進去池子裡。奶奶也有一個庭園，長滿了鄉下常見的花朵，奶奶人很好，可以安心在那兒做日光浴。我現在也有自己的庭園，在蓼科的日子裡，我記住了許多植物的名字，包括本來就不陌生的楓葉莓、玉簪、十大功勞等多種植物，也學會辨認雛菊與蘋果花。祖父與奶奶的庭園都很令我懷念，而蓼科的生活則讓記憶中與想像中的庭園色彩更加鮮明。

用心打造一座庭園，小朋友的眼睛會為之一亮，大人們也能放鬆休息。不論在醫院或圖書館，先在庭院裡種植香草植物吧！你將能夠藉由這些植物感受到大地之母的能量，像得到了一把鑰匙，開啟進入大自然的那一扇門。哪怕只是一盆香草植物，那整個盆子就算是你的庭園，像摸摸小朋友的頭一般輕撫著香草，透過指尖傳來的觸感讓自己置身於芬芳的綠意中。用心去感受去呵護你的庭園吧！自在放鬆的身體將會迎來更充實美好的明天。

孩子需要的東西

對小朋友而言，香草鋪子是一個充滿驚奇的地方，店內洋溢著各種迷人的香氣，抬頭一看，玻璃瓶內裝著許多花花草草，有時候貓咪會從眼前穿過，媽媽則會在後頭一直叮嚀小朋友不可以亂摸。第一次來的小朋友會顯得提心吊膽，一旦熟門熟路之後，就會落落大方地開門進來了呢！小朋友在收銀機前都會想幫媽媽的忙，伸出小手拿回店家找的零錢，像個小大人似地認真說一聲「謝謝」。小朋友會跟店裡的人聊天，喝著免費提供的茶飲，也會在庭院裡跑來跑去，享受有別於超市的購物樂趣。

當這些小朋友長得比收銀檯還要高時，就不再跟媽媽一起來買東西了，但過了一陣子，他會一個人前來。曾經覺得不可思議的王國已經不再像記憶中那麼大、那樣寬廣，但那香氣依舊。憑著這股香氣，才確認這個地方就是小時候與媽媽一起來的香草鋪子，一點兒也沒有變。說不定，這股香氣有著魔法，就跟愛麗絲一樣，身體會因散發出的香氣變大或縮小哩！

我有兩個兒子，在這兒我將這兩個小男孩拉拔長大。他們還小的時候，這兒還沒有精油，平時我靠香草植物為他們紓解身體的不適，藥箱簡直就是一個香草盒子。現在我的孫子們很幸運，既有香氛純露又有精油可以使用，運用的範圍很廣，像是尿布疹或皮膚癢時，就可以取用薰衣草純露或金盞花浸泡油舒緩症狀。夜裡哭鬧時，則可以試試柑橘類精油。以香草護理的小朋友性情都很溫和，喜歡植物，到庭院裡去玩耍時，會東摸摸西瞧瞧，什麼都會先拿起來聞，那模樣真是可愛，不禁令人莞爾。

年幼的孩子宛如春天，從種子蛻變為雙葉，期待他幻化成天真爛漫的新綠。孩子需要甘甜好喝的水，需要天然質樸的食物，需要人們的溫暖、溫柔的自然，也需要你經常擁抱他。與植物一樣，孩子需要細心灌溉與呵護，如此一來他就會日漸成長茁壯。來過這兒的孩子長大後，再帶著他的小孩子來到這兒，在這段漫長的過程中，我領悟了這些育孕生命的美好。

夏天即將到來，濃綠色的葉子將閃動著耀眼的陽光，這樣的夏季就像是一個正在旅行的青年。在孩子長大成為青年之前，再沉醉一下爛漫的春光吧！

生命獻禮：香草植物&芳香療法 ②

植栽趣！一起來種香草植物

比起以前，現在乾燥過的香草植物更容易入手，而且新鮮的香草植物目前在超市的蔬菜區也買得到，以水耕與溫室栽培居多，是一般人能接受的味道與香氣，但是買現成的總會覺得失去了一些原野氣息。只要選對品種，栽培香草植物並不是件難事，一起親身體驗植栽的趣味吧！

市面上有許多園藝書籍，栽培方法也都寫得很詳盡，可以透過閱讀獲得不少相關知識。不過，更重要的是要好好觀察你眼前的植物，先不要拘泥在理性的思考上，而是看看它、摸摸它，好好照護它。植物需要水、空氣、陽光以及適度的養分，必須瞭解植物的原生環境與氣候，如果你的庭院適合它的生長，栽培起來就輕而易舉，反之就要多花一點心思了。

再來談談最重要的土壤吧！想像一下被太陽曬得鬆軟的棉被，擁著這樣的棉被，手腳舒展一覺到天亮，隔天顯得精神抖擻。土壤也是一樣，含有適量空氣的鬆軟土壤能使植物的根部有空間向外伸展，香草植物得以成長茁壯。我們如果蓋硬被子，蓋起來也會覺得不舒服呀！土壤最佳的狀態就是摸起來鬆鬆軟軟的。

如果不想花錢就花時間，可以將腐葉土混入土壤中，再加一些蛭石及赤玉土會更理想，有時候亦可混入草木灰。不過調養土壤的事不用急，可以先將幼苗根部附近的介質調養好，栽培過程中再慢慢將周遭的土壤變得肥沃。

若想將香草植物種在盆栽裡，可以汲取一些園藝培養土的相關知識。不要讓花盆分散，可以將多個花盆集中，像組合盆栽般地擺在一起，如此一來不僅能防止土壤乾燥，也會形成一種共生的關係。

摸摸細心呵護的香草們，與它們說說話，能培養更好的默契。就算種植失敗了一兩次，種子或幼苗們也會原諒我們的，請伸出雙手試著挑戰看看吧！

十種易於栽培的實用香草

在庭院或陽臺種植富含香氣的香草植物，為生活注入一股清新的活力吧！

德國洋甘菊

Matricaria recutita

菊科母菊屬・一年生草本植物

性喜日照充足與排水良好的柔軟土壤。建議採收時可保留一些花朵，讓這些花朵結出種子，藉由掉落的種子增加栽培面積，如此一來就能得到更多的植株，豐收可期！可將葉子或花莖搗碎埋入土中作為優質肥料。與百里香並稱為「植物醫生」，能使周邊的植物生機蓬勃。特徵與用途請參照P.43。

香蜂草

Melissa officinalis

唇形花科香蜂草屬・多年生草本植物

半日照，喜歡濕潤的土壤，耐寒性強，即使在寒冷地區的室外，不需要特別照顧也能長得很好。一株就可以採收多片葉子，可以購買幼苗來栽植。新鮮葉子泡的香草茶擁有一股鮮嫩香氣，這是乾燥香草所沒有的。煮茶時，為了避免葉子受熱變黑，盡量不要沖刷葉子，並請選用形狀美麗的葉子。特徵與用途請參照P.43。

胡椒薄荷

Mentha × piperita

唇形花科薄荷屬・多年生草本植物

耐寒性強，繁殖力旺盛。向陽或背陽處都能長得很好，性喜潮濕環境。只要有一株苗，以扦插法就能輕鬆繁殖。容易雜交出新品種，因此記得將不同品種的薄荷分開栽植。特徵與用途請參照P.44。

百里香

Thymus vulgaris

唇形花科百里香屬・常綠小灌木

性喜日照充足與排水良好的土壤。可從幼苗開始栽培，每一戶庭院種個一兩株就綽綽有餘了。百里香種類繁多，常被作為草藥的「銀斑百里香」當然不能錯過。另外，也推薦好聞的「檸檬百里香」。花朵與葉子隨時皆能採收。直立型的百里香可作為花壇邊飾，匍匐型的百里香可作為地被植物。特徵與用途請參照P.44。

迷迭香

Rosmarinus officinalis

唇形花科迷迭香屬・常綠小灌木

花語為「記憶」。葉子可助強身健體，具有刺激、收斂、利尿、促進腸胃排氣及止痛等效果。使用迷迭香泡澡能促進血液循環，幫助肌肉放鬆。迷迭香茶能幫助排除體內毒素，使身體更有活力。花朵也能食用，可作為沙拉或甜點的點綴。性喜日照充足且排水良好的環境。耐寒程度依品種而異，有些品種不適合種植在寒冷地區的室外。只要一株幼苗就能扦插繁殖，若播種栽培則需要較多的時間。隨時皆可採收，剪下所需的分量即可，記得不要修剪過頭。

真正薰衣草

Lavandula angustifolia

唇形花科薰衣草屬・常綠小灌木

薰衣草的香氣具有鎮靜與殺菌作用，製成的香草茶能幫助身心感到平靜。可以取材製成香氛乾燥花及安眠枕，為生活添些趣味與色彩。另外薰衣草品種多樣，有來自英國與法國的品種，以及各種雜交種，只要留意栽植環境，就能欣賞到各種不同品種的薰衣草。性喜日照充足與排水良好的乾燥土壤。採用播種法栽培有難度，建議購買幼苗，或以扦插法繁殖。修剪花穗時，請從下方花芽的上端下刀。

鼠尾草

Salvia officinalis

唇形花科鼠尾草屬・常綠灌木

拉丁名有「拯救」之意。灌木類的香草植物建議皆由幼苗開始栽培。葉子可去除肉腥味，也可幫助食物保鮮，適合作為鑲肉料理的香料。製成香草茶能幫助消化、強身健體，濃茶還可以當作漱口水。所含的成分具有類似女性荷爾蒙的作用，孕婦避免大量使用，但若只是加進料理中添加香氣的微小用量並不要緊。

適合種植於日照充足或半日照的地方，性喜排水良好的土壤，多以扦插法繁殖。葉子隨時都能摘取，花朵可用於沙拉。

奧勒岡／甜馬郁蘭

Origanum vulgare
Origanum majorana

脣形科牛至屬．多年生草本植物

奧勒岡與甜馬鬱蘭同為牛至屬，被稱為「山之喜悅」，野味十足，主要用於料理調味。奧勒岡的香草茶能幫助強身健體、促進消化；甜馬郁蘭的香草茶能幫助鎮定神經、舒緩頭痛與生理痛。

性喜日照充足且排水良好的環境。奧勒岡生長旺盛，種植一株就足夠了；甜馬郁蘭較為纖細，可多種幾株。甜馬郁蘭比較不耐寒，無法在寒冷的地區過冬。建議兩種皆由幼苗階段開始培育。

甜羅勒

Ocimum basilicum

脣形花科羅勒屬．一年生草本植物

主要用於烹飪，製成薄茶則能使人活力倍增，有助於消化。不論是風乾或打成糊狀，都很方便使用。

性喜日照充足與排水良好的肥沃土壤。用量多時，可採用播種法繁殖。若希望隨時都能採收，可錯開播種期，如此一來在降霜期之前都能採收。葉子隨時都能摘取，採收時請像摘花蕾般從生長點將葉子摘下，之後新葉會從莖枝冒出側芽。

金盞花

Calendula officinalis

菊科金盞花屬．一年生草本植物

性喜日光充足與肥沃的土壤。耐寒性強，掉落的種子不刻意照料也能發芽。直接播種或播種於培養箱內都很容易成功。有單瓣、重瓣、黃色及橙色等形形色色的種類，不管哪一個品種的花朵都能為人所用。開花的時候，每一天能感受到收成的喜悅。特徵與用途請參照P.44。

促進新陳代謝＆幫助排毒的配方茶

〔說明〕

春天喝的香草茶，能幫助排出冬天積存於體內的老廢物質，身體會因而變得輕盈舒暢，讓你忍不住想飛躍起來。

〔配方〕〔請使用乾燥花草〕

迷迭香：兩公克
異株蕁麻：兩公克
胡椒薄荷：兩公克
檸檬皮：四公克

舒緩花粉症的配方茶

〔說明〕

參考歐洲傳統配方再加以調配而成。請在症狀出現前飲用，有助減輕不適症狀，難受時喝也有相當的效果，是很受歡迎的一款配方。

配方茶裡的小米草，英文名為Eyebright，正如其名，是有益於眼睛的香草植物，能幫助調節眼淚與鼻水等分泌物。眼睛發紅或發炎時，可單獨以小米草茶洗眼睛。

西洋接骨木與胡椒薄荷請參照P.44的說明。紫錐花與異株蕁麻請參照P.160的說明。

〔配方〕〔請使用乾燥花草〕

西洋接骨木、胡椒薄荷、紫錐花、異株蕁麻、小米草各兩公克。

精油的正確使用方法＆基底油

芳香療法目前已廣為人知，生活中能享受香氛是件幸福的事，我很願意與大家分享一些精油的使用技巧。正確地使用芳療可以幫助自己或親友維持健康，這樣的自然療法很令人安心，可以與現代醫療共存而沒有衝突。除了認識香草植物，如果想深究一些更專業的芳療知識，請務必師事專家，或向專家提出諮詢，以確保使用上的安全。

芳香療法首先從認識精油開始，沒有品質好的精油，再怎麼博學多聞也不具任何意義。臨床上有不少實用的精油，詳細內容會在後面的篇幅加以說明，在此之前，必須先跟大家聊聊學習精油時不可不知的化學結構。

以「薰衣草」為例，薰衣草的品種很多，因此除了一般統稱為「薰衣草」這個名稱之外，各自一定都有專屬的學名。「真正薰衣草」又名狹葉薰衣草，「穗花薰衣草」又名寬葉薰衣草，這兩種在外觀上雖然相似，卻擁有不同的香氣，其所蘊含的芳香成分不同，因此精油的使用目的也不同。同樣地，尤加利也因品種不同，其成分結構與保健效果也有所不同。

還有更複雜的，那就是即使學名完全相同，也會有芳香成分不同的情形發生。以迷迭香（Rosmarinus officinalis）為例，南法培育的「樟腦迷迭香」含有較高比例的樟腦成分，摩洛哥的「桉油醇迷迭香」含有較高比例的桉油醇，科西嘉島的「馬鞭草酮迷迭香」中馬鞭草酮的占比顯得突出。不同的生長環境孕育出不同化學成分的迷迭香，保健效果也隨之改變。

葡萄酒的風味與香氣會依葡萄品種、生長地及採收年分而有所差異，藉由化學分析的原理加以分門別類，精油也是這樣，不同的精油依照化學結構的不同，各自被歸屬在不同的化學類別之下。為了安全且準確地施行芳療，請務必記住化學分類的原則。

在芳療世界中，基底油與其他原料也是精油不可或缺的夥伴。基底油多為植物油，植物油與精油同樣受到品質管制，請挑選標示明確的植物油哦！

我們學習化學知識、瞭解芳香成分以及講究精油品質，這些都會成為我們的力量，得以幫助身邊的朋友。看到身邊的人不舒服，或因疾病而感到痛苦悲傷時，最無奈的莫過於心有餘而力不足。只有親近他的你才知道他需要的是什麼，芳香療法能滿足這部分的需求。不妨帶著芳香精油，勇敢跨出第一步吧！你帶給他的芳香療法將能令他感到安心，使他鼓起勇氣。

選用芳療精油的注意事項

1. 選用百分之百純天然的精油

一般採用水蒸氣蒸餾法或壓榨法，從香草植物中萃取出芳香成分。提煉精油後，沒有對成分做任何分離、添加或混合等加工。精油瓶身應明確標示生產國家、生產日期以及保存期限。

2. 明辨精油的化學成分

每一種精油依照其化學組合類化，英文稱之為Chemo type。即使有相同的植物學名，也會有精油成分迥異的情形發生，因此必須進行檢驗、分類及鑑別。

3. 能夠確認成分的分析結果

精油以每批的產量為單位進行成分分析，分析後的數據會被公開，必須確認其分析的結果。分析不僅止於蒸餾生產地（原產國），還要在國內（進口國）進行二次分析，最理想的狀況是附上各種精油的成分分析表。

4. 檢查是否有農藥殘留

即使標示為有機栽培，也不保證不含農藥。記得挑選經公共機關查驗與認證過的精油，分析結果須載明是否含有農藥與抗氧化劑等成分。

芳香療法的主要基材

藉由一些基底材料可稀釋精油，使精油具有較高的穩定性，可提升精油的持續性。請依需要選用適合的基材。

1. 基底油（植物油）

主要以冷壓法提煉，不同的植物油各自有不同的功效。

荷荷芭油

Simmondsia sinensis

油蠟樹科／萃取部位：種子

成分結構：二十烯酸70～80%、芥酸10～15%、油酸5～12%

是一種液體蠟，提煉自北美油蠟樹科植物的果實。有助改善皮膚的酸鹼度，油性、乾性肌膚皆適用。由於含有不飽和蠟脂，因此室溫低於10℃～15℃時會凝固。具有消炎與高效保濕效果，適合所有膚質，穩定性高。

榛果油

Corylus avellana

樺木科／萃取部位：種子

成分結構：油酸65～85%、亞麻油酸8～25%、棕櫚酸4～10%、硬脂酸

提煉自榛果的果實。滲透性佳，不會在皮膚上留下油脂。有助於活化皮膚與血管，加快傷口癒合，防止皮膚乾燥。

野玫瑰果油

Rosa rubiginosa

薔薇科／萃取部位：種子

成分結構：亞麻油酸40～45%、α-次亞麻油酸20～40%、油酸5～20%、棕櫚酸、硬脂酸

提煉自野玫瑰的果實。有助於促進膠原蛋白生成，能預防皺紋產生。幫助促進皮膚組織再生，有助於改善色素沉澱，對傷口的癒合有一定的幫助。

摩洛哥堅果油

Argania spinosa

山欖科／萃取部位：種子

成分結構：油酸40～50%、亞麻油酸30～40%、棕櫚酸8～15%、硬脂酸、維生素E（α-Tocopherol）

提煉自生長於摩洛哥阿特拉斯山脈的摩洛哥堅果。能供給表皮細胞所需的養分，促進皮膚再生，預防各種肌膚問題，又被譽為預防老化的最佳保養油。

乳木果油

Vitellaria nilotica

山欖科／萃取部位：種子

成分結構：油酸、硬脂酸、亞麻油酸

提煉自生長於非洲的乳木果樹的種子，呈奶油狀，常溫下為固體。保濕效果佳，有助於預防皮膚乾燥、促進角化皮膚再生、軟化角質層，亦可幫助預防老化所引起的皺紋。

2. 浸泡油

將乾燥花草等浸泡於植物油中，使香草的有效成分釋放至植物油中。浸泡油通常不限定使用單一種的植物油，所以其中的成分結構也會因不同的植物油而有所差異。

金盞花浸泡油

Calendula officinalis

菊科／萃取部位：花

成分結構：亞麻油酸55～70%、油酸20～35%、棕櫚酸5～10%

以金盞花花瓣製成的浸泡油。浸泡用的植物油可選擇橄欖油或葵花油。有助提升皮膚免疫力，幫助舒緩發炎、過敏、龜裂、發癢及粗糙的皮膚。這款浸泡油最適合嬰幼兒使用。

山金車浸泡油

Arnica montana

菊科／萃取部位：花

成分結構：油酸50～70%、亞麻油酸10～20%、棕櫚酸10～20%

以山金車花製成的浸泡油。山金車生長於標高一千至二千八百公尺的高山地帶，屬於菊科植物，花朵呈黃色，與雛菊相似。有助於止痛、消炎，能舒緩瘀青血腫、撞傷、骨折、風濕性疾病、關節炎，可幫助安撫精神上的創傷。請注意，此款浸泡油只能外用不能內服。

3.其他的基底材料

純水（精製水）

製作化妝水時請使用純淨的精製水，開封後要儘早用完。很容易購得，藥房就能買得到（臺灣藥房所售的純水一般標示為蒸餾水）。

無水酒精

主要用於製作化妝水、香水及室內香氛劑。要留意對肌膚所造成的刺激與過度乾燥。可搭配純淨的蒸餾水使用，以調整所需的酒精濃度。無水酒精在藥房也買得到（臺灣藥房所售無水酒精一般標示為純度百分之九十五的酒精）。

中性凝膠（凝膠原料）

同樣是芳療基材，相較於植物油，凝膠顯得清爽不黏膩，且更容易幫助精油被皮膚吸收。

乳化劑・分散劑（製作沐浴油可使用）

製作芳療入浴劑時使用。精油難溶於水，藉由乳化劑、分散劑可幫助油水混合。注意，如果精油原液浮在水面上直接接觸皮膚，容易引起肌膚不適，因此一定要進行油水混合，使精油均勻地分散在水中。

蜜蠟

含有蜜蜂分泌的天然蠟質，有助於防止皮膚乾燥，使肌膚柔軟細緻。搭配植物油或香氛純露，就化身為最高級的護膚霜了。

促進新陳代謝＆幫助排毒的芳療護理油

〔說明〕

馬鞭草酮迷迭香精油與檸檬精油皆有助淨化肝臟，甜羅勒精油有助於強化肝功能。這三種精油調配在一起使用，可以幫助將體內毒素排出體外，促進身體新陳代謝。

〔配方〕（濃度百分之五）

馬鞭草酮迷迭香精油…九滴
檸檬精油…六滴
甜羅勒精油…五滴
荷荷芭油…二十毫升

〔使用方法〕

容易感到疲倦、全身無力、臉色不好時，可取適量芳療護理油塗抹於腹部近於肝臟或消化器官的位置上。懷孕初期請避免使用。

舒緩花粉症的芳療護理油

〔說明〕

茶樹有助於調節免疫力，幫助抑制流鼻水與流眼淚等症狀。澳洲尤加利、羅文莎葉及胡椒薄荷有助於抑制黏膜發炎，使鼻子暢通。使用芳療護理油所得到的舒緩效果，比喝配製的香草茶來得快一些。

〔配方〕（濃度百分之五）

茶樹精油…七滴
澳洲尤加利精油…七滴
羅文莎葉精油…四滴
胡椒薄荷精油…兩滴
荷荷芭油…二十毫升

〔使用方法〕

季節交替之際、症狀出現之前或症狀出現時，可取適量芳療護理油塗抹於鼻子下方或胸前。也可以在手掌滴上數滴護理油，雙手搓揉後捂住鼻子，護理油的香氣能幫助舒緩鼻子的不適。

小朋友使用時，可將配方中的胡椒薄荷精油以真正薰衣草精油取代。精油混合後，亦可不以荷荷芭油稀釋，直接在口罩上滴一滴調合精油，請注意，要滴在不會碰到皮膚的地方。

第三章

夏，聆聽生命的謳歌

綠蔭下的桌子

植株日漸茁壯，一片綠意盎然，布穀鳥在林間來回歌唱著，深深吸一口新鮮空氣，通體舒暢，靈魂彷彿也染上了一片湛藍，蓼科的夏天已然來到。蓼科夏日濕度低，待在樹蔭下很涼爽，這兒標高一千一百公尺，是很不錯的避暑勝地，早晚還得穿上長袖衣衫呢！植物、動物及我們都歌頌著這難能可貴的短暫的夏天。

香草植物個個恣意成長、香氣馥郁，在這個時節裡它們化身為夏天的飲品。帶有小黃瓜氣味的小地榆花與琉璃苣花、葉子散發青蘋果香氣的鏽紅薔薇、香甜味如蜜般的繡線菊花與紅苜蓿花、香氣難以言喻的黑醋栗葉，還有香蜂草、檸檬百里香、檸檬香茅、檸檬馬鞭草、檸檬羅勒，以及很多的檸檬。在琴酒、伏特加、白酒或香檳等個人喜愛的酒類中加入香草植物，以小黃瓜當作攪拌棒快速攪拌一下，一杯清新飲品就完成了。喝著飲品，佐以金蓮花捲與炸得酥脆的櫛瓜，盡情享受夏天的黃昏時光吧！

曾經有一段期間除了經營香草鋪子，也同時經營餐館。那間餐館同

時也是一座網球場的休息室，加上陽臺大約有六十席的座位。在荒地耕作，在庭院裡種植，我們以現摘的香草植物或花朵來烹調料理，以國產小麥烘烤麵包與餅乾，婦女們在開放式廚房裡專注地工作著，這裡洋溢著陽光氣息。餐館的店名是Wild Daisy Cafe，盤子上畫著雛菊的圖案，並寫著英國的一個傳說：「腳下踩到三朵雛菊時，就代表春天來了。」活潑的四季總是輪流跳躍著來到這盤子之中。餐館的工作人員休息室門上寫著：「飲食理念就是生活態度。」我們不使用合成的洗潔劑清洗餐具，並且以有機堆肥的方式處理廚餘，再將肥料回歸於庭園。在這忙碌的八年之間，我的心力、腕力、腳力及味蕾都受到嚴格的訓練。

後來因個人因素，一九九九年初夏餐館結束營業。結束餐館的營業之後，我盡可能將原本在餐館花園裡的植物搬到諏訪中央醫院的庭院裡，那間餐館恢復到從前「小屋」的樣子。小屋隱沒在草叢間，靜靜地等著我們。我們不在的時候，時間持續沃腴著庭院裡的土壤。結束營業這件事並沒有讓我失去什麼，夏季裡的那張桌子充滿了最珍貴、最美麗的回憶。

隨著時光流轉，種子變成花兒。生命日漸茁壯，花兒也終於結出了果實。

在盤子上跳舞——Wild Daisy Cafe的一道菜

以前從Wild Daisy Cafe的開放式廚房可以看得見客人的表情，我喜歡看見菜端上桌時，客人眼睛為之一亮的表情，尤其當小朋友瞧見蒲公英在漢堡上搖晃著，或盤子被蜂斗菜的大片葉子包住時，臉上便會露出開心的微笑。還有一件令人感到開心的事，就是每盤菜幾乎都會被吃得精光，洗碗的地方只放了一個盛裝廚餘的小水桶，就已足夠使用。

當時我們會依不同風味的沙拉，每天調配不同的醬料，每一種醬料都拌入一點點的楓糖漿。春天會使用鮮嫩的香芹與西洋菜製成醬料；初夏則是草莓與杏桃；秋天採用蘋果與洋梨；冬天則是使用事先調製的香草浸泡油。剛出爐的麵包佐以現作的果醬，不僅美味可口，也滿足了視覺享受。那時候使用的餐具與桌子都被珍貴地保留著，現在我們的午餐與課程上仍用著它們呢！

那一年初夏的菜單

以四葉幸運草與令人留戀的紫羅蘭點綴在食物上，作為美好的贈禮。請入座吧！一起在庭院享用美食吧！

◉ 小三明治

將義大利香芹、檸檬皮、迷迭香、百里香花切碎後，放入火腿與馬斯卡邦起司醬中攪拌，夾進切片的麵包裡即完成。

◉ 綠色沙拉

製作沙拉時，在食材中拌入蒲公英的花葉、芝麻葉，以及義大利香芹。調味醬由檸檬汁、楓糖漿、鹽及橄欖油調配而成。

◉ 蒸烤圓球小洋蔥

取小顆的洋蔥，以鼠尾草與迷迭香調味蒸烤至熟透。蒸烤洋蔥時會出汁，在洋蔥汁中拌入義大利香醋，熬煮成醬汁。食用洋蔥前請淋上醬汁。

◉ 馬鈴薯可樂餅

製作可樂餅時，在食材中拌入庭院裡種植的鴨兒芹。用料簡單，加一點液體鮮奶油口感更佳。

神的畫筆

夏天好似一幅綠色之畫，神的顏料盒裡一定擺滿了綠色的顏料。強烈的陽光灑在陽傘般的綠葉上，透過枝葉流瀉下來的陽光變得柔和許多。將所有的窗戶打開，拿出冰涼的香草茶，在庭院裡擺好椅子，準備迎接今年夏天即將來訪的客人。置身於植物環繞的綠色世界中，會讓人恢復飽滿的元氣。

我成為醫院的志工也是拜香草植物所賜。諏訪紅十字醫院精神科醫療大樓的主管，努力不懈地在樓頂建造空中花園，她知道讓患者曬曬太陽，讓患者替植物澆澆水，會讓他們的表情變得柔和。在她的邀請下，我首次在醫院開設香草植物的相關課程，香草植物蘊含著通往患者內心深處的語言。後來由於醫院搬遷的關係，樓頂的空中花園也隨之消失，新的精神科醫療大樓並沒有充滿綠意的花園，不過在離職主管辛勤地策劃推動下，在河邊另外整建了一區香草植物園。

儘管如此，八層樓的醫療大樓離河邊的香草植物園還是遠了些。我捧著剛採來的香草植物搭著電梯，決定將「庭院」帶進醫院裡去。下午茶時間在醫院與大家分享手作烘焙點心和香草茶，現在還多了手部香氛按摩。我們真正將這裡變成一座小庭院了呢！不僅是患者，連醫生與護士都期待著這下午的美好時刻。

大概三十年前，我也曾試著在諏訪中央醫院打造庭院，那時多虧了兩位醫生的多方協助。他們就是已逝的今井澄醫師，以及現在仍精神抖擻的鎌田實醫師。那時候他們認同我所構想的「醫院庭園」，於是理想中的香草植物園就完成了。後來由於醫院增建的關係，不得不遷到別的地方，在有限的預算下，我提議請志工幫忙。四時交替、時光流逝，能修建一個尊重所有生命，長期能讓人們安心療養的庭園是很重要的。光陰似箭，種子從發芽到生葉，不斷茁壯成一棵高大的橡樹，如今已經可以供人乘涼了，那時從我家庭院搬過去的植物們也長大長高了。

醫院是治療疾病的場所，人們在那兒大部分的時間都從事著醫療行為。這個庭園就是人們在這兒生活的一部分，生命在此間流轉著。庭園有樹蔭，能在那兒暗自哭泣；有花團錦簇的長板凳，能在那兒與家人或朋友一同歡笑；有可以泡茶的香草植物，也有可以裝飾於枕邊的花朵，還有可以任意摘取的、帶著酸甜味的黑莓。醫院的庭園也是醫院工作人員可以休息喘口氣的地方。

四分之一個世紀已經過去，在這兒待過的人會回想起醫院專屬的香草植物園。任誰都可以揮舞神的那枝畫筆，倘若現在的你稍微有些虛弱，那麼，請拿著這枝筆蘸上更濃一些的綠色吧！

招牌烘焙點心——檸檬百里香磅蛋糕

聞到烤箱飄出陣陣的香氣是烘焙點心時最幸福的一刻了！這款蛋糕是店裡的招牌點心，使用自家庭院裡的檸檬百里香烘焙而成，帶有光澤的綠色小葉片與黃色雞蛋相輔相成。接下來的幸福時刻，即是將剛出爐的蛋糕切片的這個剎那了，綠色檸檬的香氣令人情緒激昂。檸檬百里香是強健的香草植物，任何人都很容易栽培成功，它也是廚房裡常備的「檸檬」。它的花很可愛，可以沖泡成香草茶或製成沙拉，也可以綁成小花束。

我在課程中會安排茶飲時間，常常端出的茶點就是這款蛋糕與司康，比較講究時會佐以鮮奶油享用。多烤的司康與蛋糕邊則成了我們的零嘴。你聞到了嗎？今日香草鋪子的那個小烤箱，正傳來陣陣香味呢！

檸檬百里香磅蛋糕

奶油（常溫）……100g
蔗糖……100g
蛋黃……1個
全蛋……2個
低筋麵粉……150g
泡打粉……1/2小匙
檸檬汁……40ml
檸檬百里香……一小把

作法

1. 已退冰的常溫奶油放進調理盆中，加入蔗糖，攪拌至變白色為止。
2. 將步驟1的調理盆放進溫水中浸泡。把攪拌均勻的蛋黃與全蛋分成4至5次倒進調理盆中攪拌，並避免油水分離。
3. 將混合過的粉類過篩，加入步驟2的調理盆中，快速攪拌一下，接著再倒入檸檬汁與切碎的檸檬百里香攪拌均勻。
4. 烤箱預熱至170° C，將麵糊放入適合的烤盤中，烤約30至35分鐘。放入烤箱10分鐘後先將烤盤取出，在表面劃上幾刀，再將烤盤重新置入烤箱，這道步驟可讓出爐後的蛋糕表面漂亮地隆起。烤得差不多時，取一支竹籤插入蛋糕，若沒有沾黏任何麵糊，就表示蛋糕已經烤好。

小花園&小森林

我會送小花束給身心疲憊的人。關於小花束，我有好幾則小故事可以分享呢！

一位女性朋友住在精神科病房，她在接觸樓頂的綠意後，慢慢地康復。出院不久後，她再度回到醫院，幫醫院主管們照護著庭院。幾年後的某一天，她邀請我到她家作客。溫室裡種植著大株的迷迭香，枝葉扶疏，綠意盎然。她說：「住院時妳送我的花束，我每天都幫它換水，在細心照顧下竟然長出根來。這株是妳那時候送我的迷迭香。」一聽她這麼一說，我感動不已。她說的迷迭香花束是我進醫療大樓時製作的。在拜訪過她家之後，我曾經和她跟著一組人去了北美，進行了一趟香草之旅。她第一次到國外，而且似乎好久沒去旅行的樣子，她打從心底地笑著，好好地吃著每一餐，也拍了許多照片，有時還會停下來採花。

另一位女性友人因為不明病因所苦，最後選擇到諏訪中央醫院接受治療。她那時候似乎已經筋疲力竭了！我一邊擔心著香草植物或精油香氛大概也不足以療癒她的心，一邊帶著小花束去她的病房拜訪。她將花束抱在胸前，流著淚訴說著種種辛酸。一有機會我就會送香草花束到她的病房。醫院裡的庭院雖美，但是她沒有精力、體力及勇氣走到庭院那兒。取而代之的是，她每天細心地替病房裡的小花束換水，直到出院的那一天。

香草植物的捧花有著一些別名，例如：「tussie-mussies（咒語）」、「nosegay（令鼻子愉悅）」與「posy（短詩）」。在庭院或野地裡，你一定能找到花束所需的綠意，再搭配一朵花或是店裡的花材，惹人憐愛的花束頓時就完成了。將一隻手握成圓圈，將花材放進圓圈內，完成的花束會顯得美麗又好看。不論是誰，雙手捧著受贈的花束，挨近鼻子一聞，都會不經意地流露出天真的笑容。我深信花草的力量，至今仍會悄悄地將香草紮成一束，寄予默默的關懷。

探病、慰問他人時，花束除了是花束之外，還有另一種用途，那就是可以泡成香草茶，不需要茶壺就可以完成，相當方便。美好的夏日裡，可以泡三種茶，材料分別是：盛夏時期一朵新鮮的黑錦葵、一束薰衣草、一朵紅色的管蜂香草花。將三種花朵分別放在不同的杯子中，只要將熱水分別倒進茶杯內就完成了。花兒浸在茶水中，彷彿杯子裡也有一個花園呢！也許泡花茶，也許每天替花束換水，這些微不足道的小細節，能夠讓病患感覺到就像在森林之家生活一般。

陪伴

這個故事發生在諏訪中央醫院的安寧病房。

某一年秋天，一名男性患者來找我說話，他畢恭畢敬地說：「看了妳寫的書，我也想種種香草植物，我想種百里香，妳可以分給我一些種子嗎？」這裡屬於寒冷地區，秋天不太適合播種，不過我還是幫他準備了花盆，讓他如願以償地在盆土上撒了種子。初春時節，那一位病患離開了這個世間。雖然他沒有看到百里香發芽，不過我想他心中的百里香早已成長茁壯，並散發迷人香氣了吧！想必他也領悟了書中所寫的百里香的花語——勇氣。

安寧病房有一個小廚房，有一間可以眺望八岳的休息室，還有可供家人休息的和室，一年四季，從每間房間都能眺望庭園，狹長的陽臺種植著幾盆玫瑰與薰衣草，由志工們細心呵護著。我在這裡擔任芳香療法的志工。

有位女士腦內長了一顆腫瘤，身體上的病痛雖然有所舒緩，但內心仍非常地痛苦，她會跟護士訴苦，臉上的笑容早已消失。醫護人員認為芳香療法或許有效，我便有機會與她接觸。我一如往常地將小花束遞給了她，看到這意外的禮物，她那悲傷的眼神閃動了一絲喜悅。我為她進行手部香氛按摩之後，她因麻痺而緊握的拳頭稍稍地鬆開，身體也放鬆了許多，也終於能開口講幾個單字。在進行芳療的安靜片刻，我開始與她有了簡單的對話。我們聊著窗外的樹木、陽光，以及今天送的花，她還吃力地開口稱讚著我的頭髮：「很……漂……亮。」她說話雖然結結巴巴，不過話語之間充滿溫柔，對我而言那真是一段愉快的時光。後來醫護人員說她笑容變多了，而就在那段時期，才剛過四十歲生日的她就像一陣風飄然而去了。

只要有一顆溫暖的心，每個人都能成為別人的依靠，倘若你手邊有香草植物與精油，就能讓彼此的相處更自在，不會顯得沉重。將手放在對方的背部，告訴他「不要緊」，彼此心裡的重擔也會不自覺地放下。不要去擔憂未知的離別，一同體會活在當下的感覺吧！如果想幫助身旁的親朋好友，請試著運用綠色香草植物或香氛精油吧！不論是對方還是你，你們都需要平淡卻坦然自在的一天。

真正的園藝家

父親曾經送我的一本書中出現了「白頭翁」這種植物，這本《湖之傳說》中描寫畫家三橋節子的一生，她因癌症失去了右手，卻憑藉著左手再度拾起畫筆，她深深愛著子女們，並以草名為孩子們命名。她年紀輕輕便離開了人世，那一年她只有三十五歲。書中那我未曾見過的暗紅色白頭翁花朵，以及花朵凋謝後留下的雪白棉毛，令我深深著迷。

後來從別墅的管理員那兒，我終於瞧見了白頭翁綻放的模樣。在那片已被開發的土地上，管理員細心呵護著野花。我快三歲的時候認識了他，立即與他成為「野草之友」，他退休前罹患了癌症，辭掉工作後來到我這兒幫忙，協助照護餐廳旁的有機花園。他原本粗壯的體格在生病之後變得弱不禁風。他擁有了一堆香草植物的相關書籍，把溫室當作自己的家，會把便當裡的魚分給貓咪吃。他支持我不使用農藥的理念，為了讓大家吃得健康、安心，他總是細心守護著庭院，每天待在喜愛的庭院裡，一點一點地恢復了元氣。

隨著季節更迭、時光流轉，我們前後打造的不同庭園也與我們一起

成長茁壯。白天或晚上，晴天或雨天，我總喜歡漫步在大自然中，有一天我頓時有所領悟：除了陽光，黑暗也孕育著所有生命。不論是那一座我們守護了八年、由荒地開墾而成的有機花園，還是原本是工地的醫院庭園，或者是香草鋪子的庭院，這些地方都有一個共同的園丁，那就是「時間」。我們身在其中，以日月、黑暗、星星、雨雪、風、小鳥及昆蟲為友。小鳥與風將未曾見過的種子飛送過來，給庭院添了不少新品種的花卉；雨為大地帶來滋潤；雪成為冬天的毛毯；落葉在風中飄舞，想必來年的土壤會變得更加柔軟、肥沃。大馬士革玫瑰將香氛獻給了太陽，在月光盈滿的夜裡，又或者是無月的暗夜中，花煙草則是散發著淡淡的幽香。人們的身影穿梭其間，只不過是這大自然園丁的助理而已。

守護著庭院與野生植物的管理員，每一天、每個季節都虔誠地與大自然相處。雖然他已經不在這個人世間，仍舊可以感覺到他與星星、微風同在，依然守護著這兒的庭園。那白頭翁穿越了時空，持續在我的心中綻放著。

我的旅行

過了三十五歲之後，我才有機會進行此生的第一次出國旅遊。我妥當地安排了時間、金錢及小孩，然後便邁開步伐，前往英國旅遊。許多香草植物在書中不知看了幾次，卻總是緣慳一面，當時我逛了許多植物園與庭園，終於見到這些植物，心中的喜悅至今記憶猶新。

我的旅程總是隨順於與人的緣分。旅途中，我遇見了一對研究莎士比亞的知名老教授夫婦，以及比利時修道院的老修女們。受音樂家朋友之託，我又去拜訪一位沒有招牌的老實工匠，他的工作坊隱藏在倫敦的巷弄裡。能遇見這些人，完全是因為朋友的關係。

在日本國內，我透過種苗廠商的介紹，認識了香草植物學家萊斯莉・布倫尼斯。她曾在我家附近的民宿住了一晚，她摸著從荒地開墾而來的有機花園的土壤，對著我說：「這裡一定會變成很棒的庭園。」後來我隻身前往英國，到偏僻的鄉下去拜訪她，她與先生、兒子們一起居住，她家的房子有四百年的歷史。她家的餐桌上擺滿了堆積如山的書籍，隔壁的房間裡晾著衣物，那一天她還把襪子的左右腳穿反。在她那裡待了三天，喜歡上她那任性真率、活在當下的性格。

旅途中，我接觸了形形色色的植物與當地的食物，走訪了色彩繽紛、香氣四溢的市集，拜訪懷舊感十足的書店……那些地方，那些人們，那些充滿活力辛勤工作的模樣令人嚮往。當時的照片雖然有一點褪色，每張照片仍然隱約飄溢著一絲絲香氛。緊鄰塞納河畔與西提島、附有廚房的飯店，令人恍若置身於夢中。一到晚上，遊覽船的燈光與河面搖曳的光影映照於房間的天花板，遠遠可以聽見講法語的導遊在說話；早上打開窗戶，不知從何處飄來的烤麵包香撲面而來。

為了認識精油植物，我陸續走訪了許多地方，普羅旺斯、科西嘉、諾曼地、摩洛哥、薩丁尼亞島、馬達加斯加、比利時，我花了十年走訪這些地方。上山頭、入野地，盡是些罕見的景色。許多植物皆令我印象深刻：果實需要好幾年才會成熟的杜松、占據了整面崖壁的野胡蘿蔔、在森林中悄悄綻放白色花朵的香桃木，以及生長在山間小路、每次香氣都會有變化的百里香。探訪這些植物朋友，需要花時間才能對它們有深刻的認識。

從旅途歸來，再次回到了現實生活。經歷小小冒險之後的生活，連開窗戶、切菜這些很平凡的細節也充滿了新鮮感。我蜷曲於熟悉的被窩中，與黑貓一同進入夢鄉。天亮之後，我將再次打開那一扇大門，等待你的到來。

將安心裝進包包裡——我的旅行裝備

年復一年，隨著旅行次數的增加，我也有了一些打包心得。我的原則是行李盡量輕便，話雖如此，有些東西還是不可不帶的，這些東西都是我不可或缺的必需品。小剪刀一定要帶，遇見香草植物時會使用到；準備一些棉布袋，可將香草植物放進棉布袋裡吊起來晾乾，也可當香氛袋；常喝的香草茶包一定要帶著，身體不適時就能派上用場，而且也可搭配旅途中採來的香草植物一起飲用。

我的行李箱中還會帶上幾罐精油。撞傷或扭傷時可使用永久花精油，受傷或安眠時可使用真正薰衣草精油，想要預防感冒與提升免疫力時就會選用澳洲尤加利精油。你也試試帶著各種用途的精油吧！我隨身還會帶著有「天然抗生素」之稱的奧勒岡膠囊來預防感染。將這些寶貝裝進旅行箱中，我的行李就準備齊全啦！

舒緩腳痠的芳療護理油（濃度5%）

走到兩腳痠痛，或想要消除肌肉疲勞為隔天的腳程做準備時，可將大量的芳療護理油塗抹於腳部。

絲柏精油……10滴

杜松漿果精油……10滴

雪松精油……6滴

醒目薰衣草精油……4滴

荷荷芭油……30ml

肩膀痠痛、頭痛、暈車、消化不良時的萬用凝膠（濃度5%）

旅途中難免出現各種毛病，這款萬用凝膠可塗抹於肩膀、太陽穴、手腕、腹部等產生不適症狀的部位。

胡椒薄荷精油……8滴

甜羅勒精油……6滴

月桂精油……3滴

醒目薰衣草精油……3滴

中性凝膠……20ml

Camomile Flowers
Pleasant & Comforting

以simples為名的香草鋪子

占地不小的有機花園和餐館結束營業之後，我決定回到香草鋪子，一心一意地守著它。鋪子那時的庭院雜草長得比人還高，空蕩蕩的店內積滿了塵埃，空氣中飄著熟悉的淡淡香氣，一切彷彿等待著我的歸來。那時，我在香草鋪子的店招加上simples的字樣。

搬家時承蒙許多人的幫忙，為了向大家表示感謝，我將桌子搬挪到草地上，在庭院「野炊」了起來。溪中冰鎮過的啤酒特別好喝，幸福的午餐持續到重新開業那天為止。我用心為身邊的每個人烹煮菜餚，瞧見大家的笑容及圍著餐桌的喜悅，我感到相當滿足。開餐廳也能看見許多客人的笑容，不過對我而言似乎太過遙遠。放下多餘的包袱，我想留住的是溫柔的情感，與這間迷你香草鋪子。結束餐館的經營，我心裡沒有缺憾，擁有珍貴且需要的東西就已足夠。

偶然在字典上看到：「simple有樸素、簡樸之意。」詞條的最後寫著「（古語）藥草」這幾個字，我如獲至寶！當時我既已下定決心再度與香草為伍，過著簡樸的生活，於是就將simples這個英文字刻在路邊的店招上。後來在旅途中，曾經在佛羅倫斯的美第奇家族香草園、比利時古老醫院遺跡裡的香草植物園、巴黎新興的香草店中也留意到了simple這個字。無意之間，我竟比時尚新穎的巴黎香草店還要早一步使用這個字來取名，對此我曾稍稍地開心了一下。

放眼望去，那些古老的椅子、窗框、壁櫥及衣櫃在香草鋪中彷復重獲新生。隨著季節更迭，曾經被遺棄的貓咪們延續著生命。那些從餐館花園搬到醫院庭園裡的小葉椴，花朵正散發甜美的氣息。守護庭園的管理員喜愛的白色玫瑰，也宛如生命之光陪伴在我們身旁。香草鋪子的這間小屋則守護著這裡的所有。

令人留戀的花朵朝著天空綻放，端給客人的茶飲漸漸由冰冷回到常溫，一扇扇門窗敞開著，再過一陣子就沒辦法像這樣將門窗全開讓室內通風了呢！

我好喜歡質樸生活中的每個「當下」。

HERBAL
NOTE
OPEN
KARYN ELLIS
GOING AROUND
YATSUGATAKE

KINGS

香草的各種趣味應用

夏天是香草植物散發香氣、生長旺盛的季節，栽培者就像是一位畫家，植物豐富的色彩與富於變化的香氣就像是畫家的顏料，請像畫畫般發揮你的敏銳創造力，不要只是一味地參看書籍或食譜。我就是在摸索中慢慢累積出許多私房配方的，其中一些會在文章中分享給親愛的你。我作的東西都很簡單，由於香草植物本身就具有功效，只要稍微花一點巧思即可完成。

來杯現摘、現泡的新鮮香草茶吧！新鮮的香草植物中，只要名字帶有檸檬的都可以製成好喝的飲品，例如：（檸檬）香蜂草、檸檬馬鞭草、檸檬香茅及檸檬百里香等。搭配其他香草植物可以讓飲品更順口，例如：覆盆子葉或斗篷草等香草。香草乾燥過後，功效更能發揮。

夏天是最適合製作花束的季節了，森林、原野、庭院，遍地都開滿色彩繽紛的花花草草。

我在花束製作課程中總會提醒學員們一個要領，那就是不要使用太多的顏色與過多的香草植物。請留意這個要領，同時考量送禮的對象、贈禮的時間與地點，製作一束顯得簡約俐落的花束吧！基本方法即是將主要的花材擺在中間，周圍綴以其他花朵、葉子或枝條。

再進階一點，可以試著讓小花隨意散開，然後再插上一些綠葉，美麗的花束就完成了。請不要像花店那樣直接以玻璃紙包裝花束，請先將沾濕的棉布裝進小塑膠袋中，以此包覆著花束的尾端，然後再以薄紙包裝花束，最後以細麻繩或香草植物染色的棉線打個結，送禮用的花束就完成了。我常常在音樂會上將這帶有淡淡香氣的花束獻給歌手，比起其他華麗的花束，這樣的花束更能打動人心，令人感到喜悅。

這一天，一到中午我一如往常地拿著竹篩跑到庭院去採收柔軟的嫩葉。清新的空氣如香檳一般，我將之一飲而盡，盡情享受著夏季的美好。

新鮮香草的樂活提案

夏天當然少不了水嫩嫩的香氛生活嘍！
短暫的夏天裡，有許多要製作與品嘗的東西，
雖然會忙得團團轉，但每天都相當充實愉悅。

Walham的香氛沐浴水

這是加州園藝治療師Walham教我的，製作香氛沐浴水時，香氣四溢，不論是大人還是小朋友都很喜歡這種動作豪邁、心情愉快的製作過程。

（照片請參照P.90～P.91跨頁圖）

〔作法〕

①將冷水倒進大容器中。

②將大量的香草植物放進水中，使勁兒地搓揉。

③靜置約十五分鐘後，邊過濾邊將水倒入浴缸內。

管蜂香草桃子果凍

管蜂香草又名為蜂香薄荷，是盛夏之花，紅色花瓣會透出少量的顏色與香氣，與水果很搭。

〔材料〕

大顆的桃子（熟透的）…一個／管蜂香草的花…八朵／檸檬…二分之一個／細砂糖…二十五公克／吉利丁粉…五公克／熱開水…三百五十毫升。

〔作法〕

①以熱水注入新鮮的管蜂香草花中，泡成花茶，接著擠入四分之一顆的檸檬汁，茶的顏色會轉為紅色。加入細砂糖攪拌融化，然後再將茶移至小鍋子中，開小火，加入吉利丁粉攪拌至融化。請盡量以小火熬煮，可盡量保留茶水的香氣。吉利丁粉化開之後，熄火，蓋住鍋蓋，將鍋子放在冰塊中冷卻。

②輕柔地去掉桃子皮，將桃子切成半月形小塊，淋上四分之一顆的檸檬汁。桃子果肉接觸空氣會變成褐色，因此盡量在製作前一刻再去皮，去皮切成小塊後記得立刻淋上檸檬汁。

③將桃子放入步驟①的果凍液底部，一起移至冰箱冷藏使其凝固。

香草料理油

香草料理油香氣濃郁，製作方法相當簡單，而且當天製作當天就能使用。可作為沙拉醬，亦可應用於烤肉或烤魚等料理，製作義大利麵時當然也可以使用。若料理油一時用不完得放上好幾天，請將香草從油中取出，以利料理油的保存。

〔材料〕

甜羅勒、百里香、迷迭香、甜馬郁蘭、灌木羅勒…各適量／大蒜…一顆／紅辣椒…一條／橄欖油…適量（只取要使用的油量）

〔作法〕

①在長柄湯鍋中倒入薄薄一層橄欖油，油量足夠拌炒蒜片即可，剩下的油留至步驟②使用。大蒜切片放入鍋中，開火將蒜片炒至焦糖色。

＊若將整顆大蒜放入鍋中烹調，蒜香會比較柔和；若希望蒜味重一

些，則可將大蒜切末入鍋。

②熄火，倒入剩下的橄欖油。紅辣椒去籽後整條放入鍋中，香草植物也一起放下去。香草可連枝一起下去，也可以只放葉子下去。香草植物要整個浸泡在橄欖油中，因為香草植物容易從接觸空氣的部位開始腐壞。

③將鍋子放回爐火上，慢慢加熱請注意不要煮到沸騰，稍微煮熱後即可熄火。

④鍋身冷卻後，將料理油倒進保存用的玻璃瓶中。

香草奶油

以庭院現有的香草植物就能製作。這一天我從庭院中摘來了蝦夷蔥、羅勒及百里香，切碎後拌入奶油中，簡簡單單就完成了。可直接將奶油塗抹於麵包，或拌入熱騰騰的義大利麵中。煎歐姆蛋時只要加入一匙，吃起來就別有一番風味。

香草調味盤

將陽光栽培而成的新鮮香草拌入橄欖油，佐以海鹽，為生活調味吧！先以味蕾與鼻子一項一項地品嘗，接著可以像調色盤一般，將不同的香草風味油混合享用。

〔材料〕

新鮮香草（百里香、鼠尾草、迷迭香、甜馬郁蘭、奧勒岡及羅勒等）…各二分之一小匙／橄欖油…每種香草植物各需兩大匙的量／海鹽、麵包…適量

〔作法〕

①將香草植物切碎，分別以小玻璃杯盛裝。每個玻璃杯中加入兩大匙橄欖油，將香草與油拌勻。

②在白色大盤子中分別舀上各種香草風味油，記得留個空間放上一小撮海鹽。

③拿著麵包蘸著吃。

夏天喝的印度奶茶

新鮮香草植物與適當的調味料能幫助消除夏天的疲勞。請不要喝太冰的唷！

〔材料〕

小荳蔻（壓碎）…三公克／檸檬香茅（乾燥或新鮮）…五公克／紅茶葉（阿薩姆）…五公克／薄荷葉（新鮮）…四片／歐洲沒藥的葉子（新鮮）…三片／水…一百五十毫升／砂糖…兩大匙／牛奶…一百八十毫升

〔作法〕

①將水、紅茶葉以及所有香草放進小鍋子中，蓋住鍋蓋，以小火煮約三分鐘。

②熄火後，加入砂糖靜置五分鐘。濾除茶葉、香草，冷藏後加入牛奶飲用。

糖漬花瓣

利用砂糖醃漬而成的美麗點心，保留了當季花朵原有的色澤、外形及香氣。享受每一口帶來的喜悅吧！

〔材料〕

花瓣（玫瑰、雛菊、紫羅蘭、薄荷等植物的花）…適量／吉利丁粉…五公克／水…七十毫升／細砂糖…適量

〔作法〕

①將水與吉利丁粉倒入小鍋子中攪拌，放在爐火上加熱，當吉利丁粉完全融化後，熄火，放涼備用。

②待鍋體冷卻後（低於人的體溫），趁著凝固前，沾取吉利丁液均勻塗抹於花瓣，並撒上細砂糖。

③在竹篩上將花瓣依序排開，不使其重疊，讓花瓣風乾。

幫助消化的香草茶

〔說明〕

採用基本的香草調配法就能完成，作法簡單。吃多、喝多或胃部感到沉重時，馬上就能派上用場。給小朋友飲用時，可將胡椒薄荷換成德國洋甘菊。

〔配方〕（使用乾燥香草）

小葉椴…三公克／香蜂草…四公克／胡椒薄荷…三公克

調配複方精油的技巧&認識香氛純露

使用一種精油就能應付日常中的一些不適，但若能搭配多種精油，在各種場合即可更日靈活地運用。要搭配不同精油使用，必須有先備知識，現代芳療的領域中，芳香化學成分等相關專業知識是調配精油的基礎知識（詳細內容請參見下一頁）。

調配複方精油時，首先請挑選喜歡的香氣，每個人的症狀及原因皆不同，考量個人的身心狀態，再依類別與功效加以調配，就能調出最合適的配方了。

以傳染病的預防為例，以肉桂與丁香為主的複方精油具有強效抗菌力，但並不適合給小朋友、孕婦或年長者使用，所以一般不使用這樣的配方。可取用花梨木、茶樹及真正薰衣草來調配。肉桂與丁香的複方精油含有酚類與芳香醛類成分，抗菌效果強，但容易使肌膚產生不適症狀，所以不宜使用。而花梨木、茶樹及真正薰衣草的複方精油則含有大量的單萜醇，不僅對肌膚溫和，抗菌效果亦佳。只要像這樣理解芳香化學成分的作用，就能準確調配出有效、溫和的配方，感受助人的喜悅。

照護每個年齡層的芳香療法當然離不開香氛純露。香氛純露並不是以酒精或水去稀釋精油，而是使用水蒸氣蒸餾法萃取，親水性是其特徵。純露所含的成分之中不少具有保健效果，作用溫和，使用時沒有什麼禁忌，嬰幼兒、年長者及寵物皆可安心使用。

純露可像化妝水般大量使用於肌膚，可浸濕化妝棉來濕敷。只要保持純露的清潔，也可以把它當漱口水使用。消化器官不適時，也可以飲用純露，但請切記向專家諮詢後方可飲用。純露開封後要盡快使用完畢，一次不要買太多種，一種一種慢慢試，藉由親身體驗記住使用後的感覺與效果，然後再試著自己調配，這整個過程將會充滿無限的樂趣。

香氛純露接近肌膚的酸鹼值（ph），將之當作化妝水使用能幫助抑菌，維持肌膚健康。

依家人的年齡層，靈活運用精油、基底油及香氛純露吧！各種場合它們都能派得上用場。

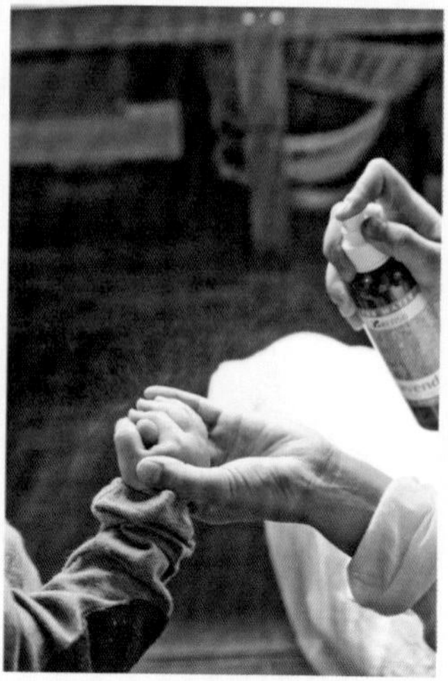

十四種芳香化學成分的主要作用

植物精油含有各種芳香化學成分，分別有不同的效用，而且其中還有一些尚無法確認作用的分子。芳香分子種類繁多，本書精簡地記載了這些分子的固有效用。這些芳香化學成分共分成十四種，分屬於同一種類之下的香草，其共通作用一目瞭然。

學習芳療不僅要瞭解各種精油的基本資料，也要掌握芳香化學成分的效用與特性，如此一來才能運用專業調配出有效的配方。習得芳香化學成分的相關知識，是近幾年從事芳療所必備的條件。先不需要背誦這些資料，僅作為備查、參考即可。

●單萜類

排除氣滯血瘀作用+++、抗發炎作用+++、平衡荷爾蒙作用+++、抗病毒作用+++、抗菌作用++

●倍半萜類（－）帶電

鎮靜作用+++、抗發炎作用+++

●倍半萜類（＋）帶電

強身健體作用+++、刺激作用+++

●單萜醇類

抗菌作用+++、抗病毒作用+++、抗真菌作用+++，免疫調節作用+++、強化神經作用++、抗寄生蟲作用+

●倍半萜醇類

荷爾蒙作用++、排除血瘀作用++、強身健體作用++、刺激作用++

●雙萜醇類

荷爾蒙作用（主要為雌激素作用）++、強身健體作用++、刺激作用++

●酯類

鎮痙攣作用+++、恢復神經平衡作用+++、鎮靜作用+++、止痛作用+++、抗發炎作用+++、降血壓作用+++

●酮類

黏液溶解作用+++、脂肪溶解作用++、促進膽汁分泌作用++、祛痰作用++、結疤（傷口癒合）作用++

●苯酚類

抗寄生蟲作用++++、抗菌作用++++、抗病毒作用+++、抗真菌作用+++、強身健體作用+++、刺激作用+++、刺激免疫作用+++、加溫作用++

●苯甲醚類

鎮痙攣作用++++、止痛作用+++、抗發炎作用++、抗真菌作用++、抗病毒作用++、抗菌作用++

●萜烯醛類

抗發炎作用+++、止痛作用+++、結石溶解作用+++、鎮靜作用++、幫助消化作用++、降血壓作用++、抗真菌作用++、抗病毒作用+、抗菌作用+

●芳香醛類

抗菌作用++++、抗病毒作用+++、抗真菌作用+++、抗寄生蟲作用+++、刺激免疫作用+++、強化神經作用+++、抑制發酵作用+++

●氧化物類

祛痰作用+++、抗黏膜炎作用++、抗病毒作用+++、免疫調節作用+++、抗菌作用++、抗寄生蟲作用+

●內酯類

黏液溶解作用+++、脂肪溶解作用++++、傷口癒合作用++++、抗病毒作用+++

六種入門款香氛純露

純露又稱為「芳香水合物」，香草植物經蒸餾萃取而成的水溶液。也可以自己動手製作，基於衛生考量，盡量在短期間內用完。生活上應用的純露請挑選與精油相同品質，且值得信賴的產品。成分幾乎都是水，因此也要留意腐敗或寄生菌等問題。

大馬士革玫瑰

Rosa damascena

萃取部位：花／ph：4.2～5.2

含有成分：苯乙醇、香茅醇、香葉醇、芳樟醇

預防斑點與皺紋，幫助暗沉肌膚變明亮的強效化妝水。香氣蘊含於水溶性成分中，彷彿置身於玫瑰花叢中。

真正薰衣草

Lavandula angustifolia

萃取部位：花／ph：4.0～4.6

含有成分：芳樟醇、α-松油醇、香豆素、萜品烯-4醇、龍腦莰醇、香葉醇、2-Ethylidene-6-Methyl-3,5-Heptadienal、芳樟醇氧化物、1,8-桉油醇、茴香甲醇

具有多種功效的萬能水。具抗菌作用，適合用於照護異位性皮膚炎、尿布疹及曬傷的肌膚。薰衣草香氣大多含於油溶性成分中，因此純露的香氣與薰衣草植株本身或精油所散發的香氣略有不同。

胡椒薄荷

Mentha piperita

萃取部位：全株（根除外）／ph：5.1～6.1

含有成分：薄荷醇、薄荷酮、1,8-桉油醇、異薄荷酮、蒲勒酮、萜品烯-4醇、松烯酮、α-松油醇

具有冷卻作用，能舒緩皮膚搔癢。暈車或想換個心情時也能派得上用場。配合真正薰衣草純露使用，像上化妝水般用於曬傷的肌膚，房間也會瞬間瀰漫著清爽的芳香氣息。

紫錐花

Echinacea purpurea

萃取部位：全株／ph：4.4～5.1

含有成分：乙酸酯近似物質、馬鞭草酮、萜品烯-4醇、α-華澄茄醇、己烯醛、苯乙醛、苯甲醛

對提升免疫系統有相當的效果，能幫助預防感冒或花粉症，亦可當成室內香氛噴霧或化妝水。紫錐花屬於藥用植物而非芳香植物，因此只有微微的香氣。

銀斑百里香

Thymus vulgaris 'Argenteus'

萃取部位：全株（根除外）／ph：4.0～4.8

含有成分：百里香酚、羥乙基、香芹酚、龍腦莰醇

對肌膚溫和，能用來消毒青春痘或手指，有明顯的百里香香氣。

魚腥草

Houttuynia cordata

萃取部位：全株（根除外）／ph：4.6～6.2

含有成分：萜品烯-4醇、芳樟醇、α-松油醇

日本古代民間廣為流傳的草藥，有助於舒緩皮膚炎，亦可用於清洗傷口。患有異位性皮膚炎等疾病時，當皮膚有傷口，塗抹魚腥草純露的恢復效果會比真正薰衣草純露來得好。沒有特殊氣味，聞起來、使用起來都很舒服。

緩解便祕的芳療護理油

〔說明〕

芫荽與花梨木精油，在單萜醇類中含有芳香分子「芳樟醇」，最近的研究顯示，芳樟醇具有消除便祕的作用。甜橙含有芳香分子「檸檬烯」，能幫助促進腸道蠕動，將這三種精油調配在一起，效果佳且好聞的香氣也受到許多人的青睞。

〔配方〕〔濃度百分之五〕

芫荽精油…七滴
花梨木精油…七滴
甜橙精油…六滴
荷荷芭油…二十毫升

〔使用方法〕

每次將四至五滴芳療護理油塗抹於背部下方，再取四至五滴的護理油以順時針方向輕輕塗抹於腹部。一天兩至四次。

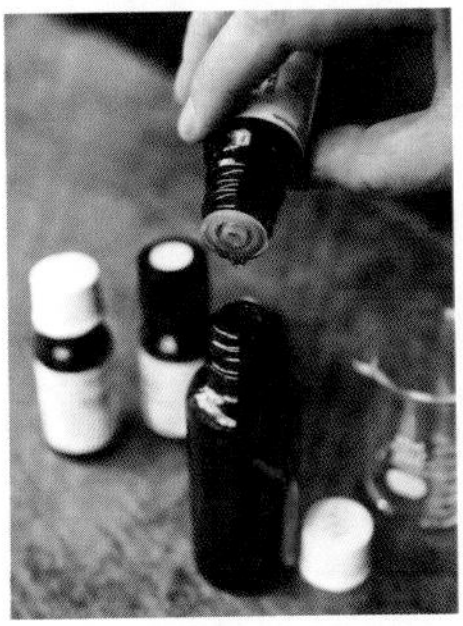

第四章

秋，每一天都是可愛的日子

美麗的當下

隨著秋天來訪，附近的密花槭一瞬間滿樹緋紅，這樣的美麗總是稍縱即逝。入秋後，每個人都期盼著這一瞬間，葉片在陽光的映照下顯得格外火紅，飄落於大地，覆蓋住樹根，整片景色詩情畫意，宛如置身畫中。我們撿了滿滿一籮筐的落葉，從槭樹葉中萃取出色素，並以之染布。我們也如撒花般，將一部分的落葉撒在庭院裡。

住在遠方的一位朋友，勇敢地接受一項辛苦的治療，但早已身心俱疲。她原本對大自然的敏銳度也隨之消失，已經抱有想不開的念頭。

她所處的環境一樣有著足以感動人心的美麗秋天，我寫了一些文字，連同密花槭的照片一起寄給了她，希望她能憶起「這個世界是美麗的」。沒多久她回我：「想在這世上多停留一會兒。」這一位與我牽著紫羅蘭色生命線的好友，現在獲得了槭樹的紅色生命線。

一位年長的奶奶對蓼科的四季深深著迷，決定在這裡的別墅終老一生。雖然無法完全遠離塵囂，但她總是保持愉快的心情，有時她會不小心骨折或感冒，卻也不知不覺地早就超過八十歲了。也許獨居生活顯得

孤獨，但住在這美麗的地方，每一天的美好景緻讓她不會感到特別寂寞。她平常出門會請年輕人載她一程，唯獨賞楓紅時，她總是一個人拄著拐杖前去，漫步於落葉紛飛的秋意之中。她總說：「明年不知道還去不去得成，現在非去不可！」

三年後，我那位接受治療的「紫羅蘭之友」慢慢恢復了健康，並與她的伴侶特地從遙遠的地方來拜訪我。大家邊喝著茶邊凝視著金黃色的樹木，這時拄著拐杖的白髮奶奶開門走了進來，她也加入我們的茶會。喝杯茶休息了一會兒，年長的奶奶就跟我們道聲再見走了出去，身形漸漸隱遁在一片秋色之中。這次紫羅蘭之友在大夥兒的陪同下欣賞到瞬間的平凡之美，我想她會再度找尋屬於自己的生存之道吧！

她來信問我：「密花槭的葉子都凋落了嗎？」葉片覆蓋著大地，在陽光照射下，葉面顯得火紅，葉背則呈現淡淡的桃紅，兩種深淺不一的紅為我們點染了一抹詩意。人們認真過著每一天，起風的日子也好，飄雨的日子也好，大自然時時刻刻守護著我們。把握每個當下，祝福自己迎接更美好的明天！

and the

好看又好吃的液態喉糖——加了錦葵花的木瓜海棠糖漿

住在這裡之後，我才認識金黃色的木瓜海棠。只要將它擺在室內，房間就會充滿甜美的香氣，清爽宜人。環繞著湖岸的林蔭大道是醫院志工每天的必經之路，每逢春天，木瓜海棠總是沿途綻放著淺色粉紅花朵，相當可愛，同時還會散發出夢幻般的淡淡香氣。

古早古早以前，信州人就習慣將木瓜海棠的果實醃漬於酒或砂糖裡，以之作為冬天的養生食品。我使用寡糖來醃漬木瓜海棠，再加進錦葵的花瓣即完成。錦葵有助於保護黏膜並抑制發炎，感冒喉嚨痛或長時間講話，我常喝這個舒緩喉嚨的不適。如果手邊有自己栽培的黑錦葵或藥蜀葵，也可以將這些花加進木瓜海棠中。這種甜甜的草本糖漿深受小朋友與年長者的喜愛。

加了錦葵花的木瓜海棠糖漿

木瓜海棠果或榲桲（中型）……1個
乾燥的錦葵花……10g
寡糖……適量

作法

1. 將木瓜海棠的果實洗淨後切成薄片，加入錦葵一起攪拌。木瓜海棠的種子也很香，可直接加入攪拌。
2. 裝進玻璃瓶後，加入寡糖，使果片稍微露出糖漿表面。
3. 靜置數日後，錦葵會釋出顏色，美麗的糖漿就完成了。喉嚨痛時，可加熱開水或香草茶稀釋飲用。

今天和明天都能做的事

別人心情低落或悲傷時，你會去接近他嗎？面對一個心痛或抱病的人，你會毫不猶豫地去擁抱他嗎？我本來沒有辦法，後來多虧丈夫的幫忙，我變得敢握住別人的手、拍拍他人的背，並且與他人擁抱。

丈夫在可以眺望八岳與庭院的安寧病房待過六個月。早上起來他會在房間裡烤著麵包，一邊聽爵士樂或古典樂，一邊泡著抹茶，也去聽了夏天在大廳舉行的小型音樂會。看到從醫院庭園採來的香草花束，他會高興地說：「好香啊！」

雖然抱病，幸運的是他不會感到疼痛，只是腦內的腫瘤一點一點侵蝕著他的生理機能，不知不覺間昏睡的日子變多了。早晚家人都陪在他身旁，在醫生與工作人員的協助下，因應需求適時地讓他使用香草植物、純露及精油。那一天是唯美的秋天，黎明時分房間播放著他最喜愛的曲子，空氣中瀰漫著匙葉甘松的香氣，在兒子們的陪伴下，他安然地離開了人世。

丈夫過世後沒多久，我盡力做我能做的事，也思索著哪些事是我還做不到的。從小我習慣與人保持距離，對於重病患者也會產生恐懼因而不敢太過接近，我知道，與人「觸碰」是接下來要學習的功課，我不應該再躊躇不前。後來發現「香氛」很容易突破自己的這道心牆，丈夫過世後，我就帶著芳香精油，在安寧病房當起了芳香療法的志工。

由家人或親人施作的芳香療法，不一定要具備很高的專業知識與技能，只需要懷抱著希望患者早日康復的這份心意，藉由手的觸感傳遞給對方。有一位新婚不久的媳婦去探望公公，兩個人之間沒什麼話題可聊，每次都不知道該如何是好。在醫護人員的建議下，她開始嘗試芳香療法替公公按摩，漸漸地，她敢摸公公的腳了呢！手與肌膚之間靜靜地展開深刻的對話，他們兩個人之間的溫暖「對話」一直持續到公公過世為止。

以帶有香氣的雙手觸碰別人是不需要任何語言的，觸碰本身就是一種語言，甚至超越了語言，能深入人心。我將任何人都能上手的芳香療法分享給人們，必要時會鼓勵地說：「沒問題，你一定辦得到的。」我的籃子裡總是放著精油與剛洗過的白色毛巾，那個皺著眉的少女彷彿對著今天也要出門的我說：「真期待明天的到來。」

守護你的迷你蘋果香薰球

據說香薰球是一種能「避邪」的護身符，歐洲的聖誕節或新年時常以香薰球作為贈禮，這個傳統從古早以前就廣為流傳。一粒粒刺進蘋果裡的丁香具有強效的抗菌力，可讓蘋果不易腐爛、慢慢變乾癟。假如白雪公主擁有這顆能避邪的蘋果，說不定就不會吃下魔女給的毒蘋果了呢！

準備小顆蘋果，一次可以製作很多顆，完成後可當禮物送給許多朋友。現在做好的香薰球，香氛不僅能維持到明天，甚至放了一年香氣也不會消散，擺在房間或櫥櫃中，可以一直聞到甜美的香氛。

我也會以酢橘或枸橘代替蘋果，這種柑橘類水果既小巧又好聞。

迷你蘋果香薰球

信州的姬蘋果………1顆
丁香（丁字形）……覆蓋住蘋果的量
（一般大小的姬蘋果約使用25至30g）

作法

1. 將丁字狀的丁香依序插在姬蘋果上，由頂端縱向繞蘋果一圈，接著從中央處再橫向繞一圈，兩個圓圈呈十字交叉狀。
2. 反覆相同的步驟，讓丁香布滿蘋果表面，注意不要留有縫隙。完成後靜置於竹篩上曬約2至7天。
3. 曬至讓多餘的水分蒸發即完成，最後再以麻繩或緞帶裝飾。

＊在蘋果曬乾前，可裹上一層以肉桂為主調的香辛料，能使香氛更有層次感。

行動圖書館＆嬰兒車

那輛「行動圖書館」播著輕快的旋律開了過來，車上載著滿滿的書。我推著載著小兒子的嬰兒車，走到行動圖書館會出沒的地方。一直以來，只有大兒子和我會向行動圖書館借書。過了不久，行動圖書館會開到香草鋪子的門口，會借書的仍舊只有我一個人，後來與圖書館的大哥變得很熟，每次都會請他喝香草茶，他都很開心。

日子一天一天地過去了，市區內也蓋了居民所盼望的圖書館。兒子們各自成家立業的那段時期，那位圖書館大哥邀請我去圖書館開設香草植物的相關講座，於是我運用小花壇及幾個花盆，「香草植栽趣講座」便開講了。我最擅長使用最少的預算打造庭園了。將後院林中的腐葉土與市售培養土混合後，把洋甘菊的莖葉或百里香的枝條切碎拌入，然後進行翻土。可使用茂密的雛菊葉作為地被植物，防止雜草叢生。過了一段時間之後，土壤會變得鬆軟、肥沃，所種的各種香草植物也會日益茁壯。

那些聽講的學員們，個個都化身為綠手指，後來都成為照護香草植物園的志工。那段時期，原本的行動圖書館大哥也晉升為圖書館館長。

館長頭髮稍微泛白，有時候會幫忙除草，有時候也會照護小朋友最愛的野草莓。

當志工的那天，我會在白樺樹下擺張桌子，上面擺些好吃的東西，例如烘焙點心佐手作果醬、糖漬花瓣等，也會將現採的香草拌入橄欖油或奶油中。我也會和大家一同製作小花束與Walham傳授的香氛沐浴水，還會提供香草茶給來圖書館的人飲用。圖書館的職員也會關心庭院的種種，有時我也會跟他們一起喝茶。在這裡，我不僅是個志工，也是個學生。我所期望的「實用香草植物教室」已經日趨成熟，現在推著嬰兒車、背著小朋友或牽著小朋友的媽媽們，也可以帶著孩子一同前來參加。在大家的溫柔守護下，一同品嘗美味，一同感動，一同歡笑，度過這兩小時的美好時光。

看著那些年輕的媽媽們就像看到當初的自己一樣，開始接觸花花草草，熱切地與人交談，也會看看書，從中找尋屬於自己的語言。一旁的小朋友也會記得這段時間裡產生的氣味與味道吧！大兒子說行動圖書館從遠方傳來的音樂，以及車門後那浩瀚無邊的書香世界，他至今仍記憶猶新。現在的香草植物園一如行動圖書館的那扇門，很欣慰自己能打開這扇緣意之門。

難忘的人

狹長的栗子樹葉乘著和煦的微風，如羽毛般靜靜地飄落於大地，與逝者一同回歸自然。

已逝的今井澄醫師曾任諏訪中央醫院院長，他過去曾是學運領導人。他為信州的小市鎮點燃了區域醫療之火。閒暇之餘聽人家說，當時醫院有一群熱忱的護理人員，他們到村落向民眾宣導公共衛生的重要，輔導民眾重新審視自己的生活與飲食習慣。今井醫師擔任醫生的期間，參與了東大學運，後來因此被判入監服刑。那時候，市長帶領眾多市民流著淚為他送別，而當他服刑完畢返鄉時，大家也都衷心為他感到高興。在把聽診器放到患者胸膛之前，他總是以自己的雙手溫熱聽診器，讓聽診器不會冰冰的。自治團體雇用學運人士算是很罕見的事，不過許多人都相信他的人品，他在家也非常疼愛太太與小孩。

為了實現更具建設性的醫療夢想，不久他當上了國會議員，卻發現自己罹患了胃癌。儘管病情棘手，他待人處世的態度並沒有因病而顯得消極。他在家接受自己的醫療團隊所提供的安寧緩和治療，度過生命中最後的時光。

一位認識了三十幾年的朋友得了肝癌，與病魔搏鬥了一陣子之後，她決定回到蓼科生活，我被她眼中的意志力所感動。安寧緩和治療的醫生成為她的主治醫師，附近的診療所、移動護理站，以及朋友們都一起協助她的醫療與生活。信州涼爽的夏天，讓她逐漸恢復精力與體力。不論委託誰幫忙，大家都很樂意利用準備好的芳香精油為她進行芳療，那是舒適愉快的片刻。她帶著我為她準備的小餐盒漫步於秋意中，有時候還會摘一些野花送我。每天她都會說的一句話就是：「真漂亮啊！」

她轉進安寧病房後，笑容不曾消失，會滔滔不絕地跟我聊天。她說在護士的陪伴下，她參加了醫院在庭院所舉辦的志工學習會，感覺非常充實美好。本來以為她撐不過秋天，沒想到她不僅度過了秋天，還熬過了蓼科的隆冬，在信州初春的櫻花季離開了這個世間。

一個女人受惠於一位醫生所建構的溫暖醫療體系，因而度過了幸福時光。我的手作小花束總是令這兩個人感到開心。秋意已濃，地面上的落葉溫暖地覆蓋著大地。明天，明天我要繼續尋找能撫慰人心的手作小禮物！

溫暖人心

窗外的夕陽格外美麗，正看得入迷時，太陽已沉入地表，四周頓時昏暗一片，自己與周邊的界線漸漸模糊，逐漸消失於漆黑之中。有時候會這麼想著，如果能這樣迎接人生終曲該有多好。

我的生活中總是有狗狗與貓咪相伴，我收養的一隻混種流浪狗生了兩隻小狗，這兩隻小狗隨著四季更迭，開心地成長茁壯。老狗上了年紀眼睛已看不見，每天照例哼哼地聞著風與草的氣味；年輕的狗一隻在向陽的草皮上睡覺，另一隻則彷彿想尋求最後的自由似地消失在草叢中，怎麼叫也叫不回。

店裡的貓咪爺爺「馬尾草」總是坐在店門口的椅子上，每當客人說牠可愛時，牠就會瞇起眼睛。即使上了年紀，這個椅子仍舊屬於牠的地盤。馬尾草會在草叢中一動也不動地等待著獵物，跑起來令人刮目相看，是個狩獵高手，十四年來堅守崗位，盡情玩耍，是隻很優秀的貓。牠臨終的那一天一如往常地外出，迷了路筋疲力竭，還好附近的鄰居發現了將牠送回來。我在牠的被窩鋪上柔軟的艾草與青草，他急促的呼吸

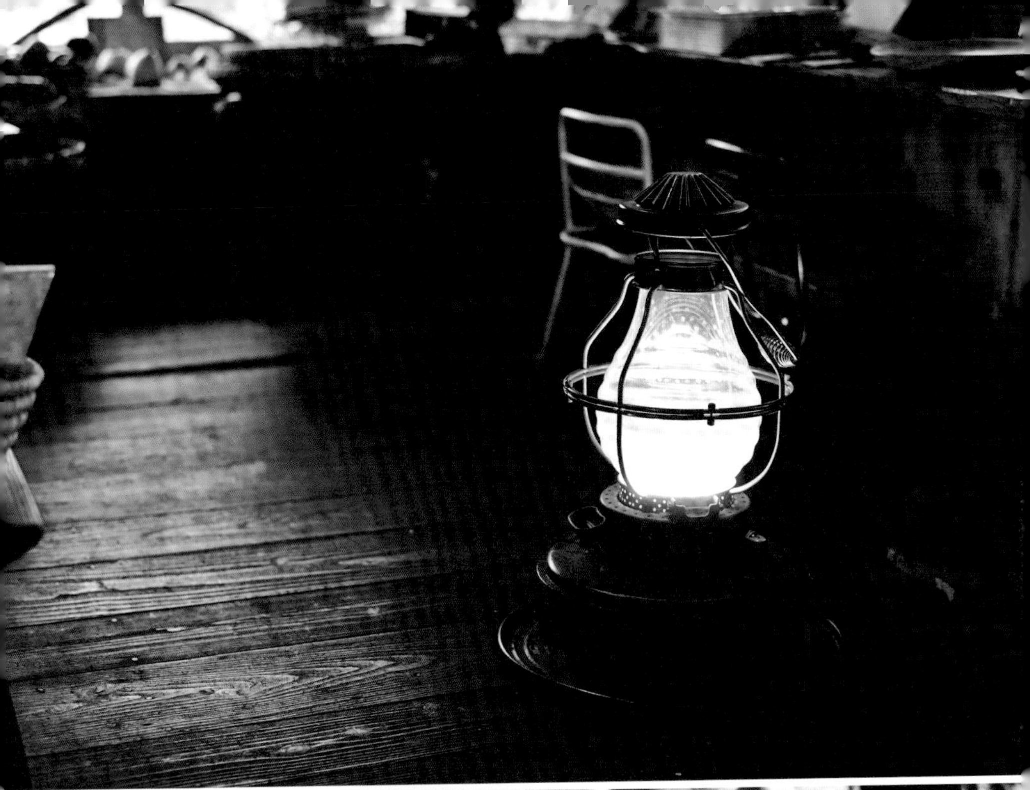

聲漸漸緩和了下來，香甜地進入夢鄉，在睡夢中離開了這個世間。

我憶起剛搬來蓼科時，當我漫步於綠意中，我與大自然之間彷彿沒有了界線，肩頭全然放鬆，變得相當自在。我也想問問動物們，是否你們也有這樣的感覺呢？

母親住在護理之家，我給她送去了摘下來的玫瑰。母親對吃的穿的沒什麼興趣，但只要房間裡有花，她就會很開心。每次拿新鮮的花去她那兒時，她都顯得欣喜萬分。我親眼見過好幾次，草的觸感與花的香氣能默默地溫暖人心。

當我們面臨失去，感情容易受傷，尤其失去某個人時，很容易會把自己的心封閉起來。這時我們需要花草的力量來療癒自己，或慢或快，植物總有一股力量能夠通往我們的內心深處，擁抱並溫暖我們的心。因此，身為香草鋪子的主人，我期許能夠為更多人採集香草、收集香氛，希望為他們帶來能量。今年最後的一朵玫瑰花蕾，質地偏硬，冬天來臨之前，它將會在溫暖的房間裡綻放它的香氣。

生命獻禮：香草植物&芳香療法④

香草植物蘊含的幸福

想要使自己種的香草植物得到最大的利用，必須懂得保存的方法。除了乾燥，浸泡於油脂或浸泡於酒精也是保存的方法。這篇文章要聊聊香草的乾燥方法。

首先最重要的，就是要當令採收，也就是盡量在香草能量較強的時候採收。將香草乾燥時，也要注意一些細節，如果忽略了正確的乾燥方法，香草中對身體有幫助的一些珍貴成分也會消失。請將香草植物置於通風佳的室內，任其慢慢地自然乾燥，避免放置於曬得到陽光的屋簷下，也不要放在充滿濕氣的浴室或廚房中。有些香草植物的香氣本身有助於恢復身體健康，所以請記得不要水洗，採收之後直接風乾即可。

關於花朵的乾燥法有一些技巧，我舉一些植物作為例子說明。先來說說薰衣草吧！當花蕾顏色變深時，請連同花莖一起採收，可將其紮成一束倒掛，或者稀疏地排在竹篩上讓它自然風乾。金盞花則不適合整株風乾，因為風乾不易，它會陸續不斷地開花，因此必須每天採收，可從花萼的位置摘下花朵使之自然乾燥。至於錦葵或黑錦葵則要採下完整的整朵花進行乾燥。

葉子的乾燥法也想藉由這篇文章略談一二。胡椒薄荷請在開花前採收葉子，為了避免破壞葉子所含的香氣成分，請採用直接風乾的方式，而不必將其切碎或撕碎。斗篷草等保健成分較少的植物，可從花莖上摘下葉子，洗淨後風乾，乾燥後將其切成大小適中的細末，泡茶時成分會比較容易釋出，而且也會比較方便使用。

野玫瑰的果實轉為紅色後即可採收，在乾燥之前，請將果實切成兩半，以牙籤將裡面的種子與絨毛挖出。這個過程中記得戴上加厚的橡膠手套，避免被絨毛刺傷。

連續好幾天都陰雨綿綿的時候，植物往往不能完全乾燥，此時可將植物改放在車中曬不到太陽的地方約三十分鐘，藉此改善潮濕的狀態，但請記得不要過分乾燥而變成乾乾脆脆的。乾燥後的植物在保存過程若發生色變，或已經不適合拿來泡茶時，可讓它回歸於土壤中。如果是花莖的部分，可先將之切碎後再回歸於大地，也可當作柴薪使用。

愈願意多花一些巧思，就愈能夠享受香草植物所帶來的樂趣。當香草植物一點一點地融入你的生活時，我也會覺得很開心。

小瓶子中的香草園

手作酊劑的顏色與香氣有別於市售的酊劑，蘊含著季節之美。

以香草植物製成的酊劑

將春天的花朵、夏天的綠意及來自遠方的香草浸泡於酒精中，這些植物會在玻璃瓶中漸漸釋放出美麗的菁華，成為所謂的酊劑（tincture），為生活帶來喜悅與健康。

日本歷史上的中世紀時期，寺院運用藥草的方法之一就是將藥草製成酊劑。在歐洲，為了治療朝聖者及染疾、受傷的十字軍，也常常使用酊劑。一些植物有助養生保健，相關成分會被濃縮於酒精之中，攜帶相當方便，自古以來深受人們的青睞。酊劑兼具脂溶性與水溶性的成分，可說獲得了植物的所有菁華。

使用時只需數滴的原液或稀釋液即可，比起將植物煮成茶來得方便實惠。置身於現代廚房，藉由製作酊劑，感覺就好像成為了一位鍊金術師，這樣的生活也挺有趣的。

〔作法〕

製作酊劑所使用的溶液有兩種，一種是高濃度的酒精，如蒸餾酒等，另一種則是添加了純水或香氛純露的酒精。請將大量的香草植物裝進玻璃瓶之後，倒入溶液。香草植物必須整個泡在溶液之中，靜置約三星期後，植物會釋出顏色與成分，此時請將植物濾掉，溶液則請保存於陰暗處。

溶液中的酒精濃度一旦達到百分之二十五就成為所謂的酊劑。使用自家栽培或野生香草植物時，請在其保健成分最多的時期採收。若要使用市售的乾燥花草，請挑選品質優良的商品。香草茶也能拿來製成酊劑，相當方便，值得推薦。

〔使用方法〕

於溫開水中滴入數滴酊劑，像喝茶般飲用。泡澡使用時，酊劑的用量約二十毫升。也可當室內薰香劑，或用來消毒手指。

〔配方示範〕

只需一種香草植物就能製成酊劑，也可使用多種植物進行調配，為生活添加趣味。

●舒緩花粉症的配方
紫錐花、異株蕁麻、西洋接骨木

●預防感冒的配方
紫錐花、異株蕁麻、西洋蓍草、百里香

●幫助安眠的配方
香蜂草、貫葉連翹（聖約翰草）

●緩解咳嗽的配方
光果甘草、百里香

七種可購得的常用乾燥香草 & 一種建議自己種植的香草

使用一種香草對身體就能有所幫助，但是搭配多種香草則能調配出更多的組合，為健康生活添加風味。這些常用的香草中，乾燥的斗篷草市面上較少見，建議可以自己種植。

紫錐花

Echinacea purpurea

菊科紫錐花屬．多年生草本植物

美國原住民會藉由這種植物來提升免疫力。葉子常用於香草茶或酊劑中，根部可製成膠囊或酊劑。香氣溫和順口，易於調配。

異株蕁麻

Urtica dioica

蕁麻科蕁麻屬．一年生草本植物

以其葉子泡的茶含有豐富的鐵質與礦物質，宛如一碗「大地之湯」。有助於排毒及提升免疫力，搭配切片檸檬飲用，對身體會更有幫助。

繡線菊

Filipendula ulmaria

薔薇科繡線菊屬．多年生草本植物

人們從繡線菊與白柳的表皮發現了一種成分，可幫助止痛、緩解發炎與發燒，這種成分後來被應用於製作阿斯匹靈。繡線菊有助於維持消化器官的健康。香氣清新甘甜，很適合當蜂蜜酒的香料，也可以製成一種英文名之為Linen Water的衣物專用淡香水。

山楂

Crataegus oxyacantha

薔薇科山楂屬．落葉灌木

又稱「心臟的保健品」，有助於改善心悸或心律不整。可長期安心飲用山楂花茶，搭配西番蓮或香蜂草飲用，有助於緩解憂鬱或情緒低落等症狀。

覆盆子葉

Rubus idaeus

薔薇科懸鉤子屬．落葉灌木

覆盆子葉對女性健康特別有幫助。這種香草植物有助於強化子宮，也能幫助改善月經不調、經前症候群等女性特有的症狀，產後恢復時也可使用。請注意，懷孕期間應避免使用。

檸檬皮

Citrus limon

芸香科

將檸檬皮切碎乾燥而成。清新的味道與香氣有助於促進血液循環，讓身體暖和起來。適合添加於配方茶中，可使風味更佳。

野玫瑰果

Rosa canina

薔薇科薔薇屬．落葉灌木

將野玫瑰果的果肉切碎乾燥而成，含豐富維生素C，磨成粉的茶葉具有收縮毛孔與美白效果。搭配扶桑飲用，顏色與風味更佳。

斗篷草

Alchemilla vulgaris

薔薇科羽衣草屬．多年生草本植物

有助於女性健康的香草植物，又名「聖母瑪麗亞的披風」。乾燥處理過的斗篷草市面不易購得，由於植株本身易於栽培，建議自己種來備用。使用前請自行乾燥處理，一般不使用新鮮的葉片。

乾燥葉子泡的茶有助於改善月經不調，緩解更年期障礙、腹瀉，並幫助產後恢復。具收斂效果，可製成化妝水或用於蒸臉器中。請注意，懷孕期間應避免使用。

適合疼痛、疲憊時飲用的配方茶

【說明】

罹患感冒導致全身上下疼痛，或因緊張所引起的消化不適，都可以飲用這款配方茶。這款茶在上述的常用香草中選用了有助於緩解疼痛的繡線菊。

【配方】（使用乾燥香草）

德國洋甘菊……三公克
香蜂草……三公克
小葉椴……兩公克
繡線菊……兩公克

香氣能撫慰人心

我深深地相信著，芳香按摩能將精油中的效果發揮到極致。不只是將護理油、護理凝膠等塗抹於皮膚上，溫暖的雙手連同香氣也都靜靜地陪伴著對方，此時芳香療法已超越了理論框架，自有其深意。除了保健效果之外，人與人的溫情交流會有一股力量靜靜通往靈魂深處。身體上的疼痛與心靈創傷是息息相關的，芳香療法兼具療癒身心靈的力量，因此製作各種芳療小物時，須考量對方身心層面的狀況。

為精神科病患施作芳香療法時，請記得各帶一瓶玫瑰與橙花精油，每個人聞到這兩種精油的香味都會眉開眼笑。羅馬洋甘菊與甜馬郁蘭則能讓身心極度緊張的人瞬間放鬆。

只要能夠為對方選用一款合適的、能幫助療癒身心靈的精油，芳香療癒按摩其實並不需要什麼特別的技術，因為人生來就有以手療癒他人的本能。大約七年前，有一個家族的其中一人罹患了重病，想與家人進行最後一趟旅行，於是來到了香草鋪子。一家人在庭院享受暖暖的芳香護手ＳＰＡ，他們第一次為彼此施作手部芳香按摩，家人也因這樣的機緣重返親密關係，之後又住在一起。後來聽說香氣與芳香療法成為了這一家人的日常，他們陪伴著病人一同對抗病魔，病人的生命比原本預計的時間還要延長得許多。

我會將採集來的花草紮成一束送給他人，這些花兒、草兒都是我身邊的當令植物。一罐罐來自遙遠國度的精油，各有不同的生產地，植物生長的氣候也不盡相同。一個小瓶子的香氣凝聚著當地的環境、當時的季節，千里迢迢到了我這兒，仔細玩味，自有其箇中樂趣。索馬利亞的乳香、馬達加斯加的依蘭依蘭，我從沒見過這些植物，但它們的香氣卻喚醒了我基因中的某些記憶，令人感到熟悉。芳香療法看似簡單，卻讓你我有機會展開無盡的探奇之旅。

關於芳香療法有一個重要的觀念，請一定要特別留意。在日本，精油並不是醫藥品，就算被譽為專業的芳療師也不能從事醫療行為，詳細的規定可參照其他相關法律條文。請記得在遵循法律與恪守自身責任的前提下為他人進行芳療服務，如此才能真正體驗既安全又實用的芳香療法。讓生活中充滿馥郁的香氣吧！美好的世界已然展現在你的眼前。

七種實用精油

單獨使用一種精油就能為生活帶來美好的改變，
若能搭配其他精油一起使用，效果更佳。

依蘭依蘭
Cananga odorata

番荔枝科　萃取部位：花

擁有多種芳香分子，有助於舒緩各種症狀，包括憂鬱、失眠、心悸及疼痛，也能幫助神經維持平衡。香氣相當濃郁，請依個人喜好與需求斟酌用量。

羅馬洋甘菊
Chamaemelum nobile

菊科　萃取部位：花

有助於調節自律神經、安神舒眠、舒緩搔癢與疼痛感，對心理層面也能產生作用，可幫助紓解壓力所引起的不安。在精油成分上，羅馬洋甘菊含有大量特殊的酯類，與其他精油有很明顯的差異。

黑雲杉
Picea mariana

松科　萃取部位：葉

有助於平衡荷爾蒙，幫助恢復壓力所引起的身心疲勞，亦適用於緩解異位性皮膚炎、關節炎等症狀。香氣宜人，大部分的人都能接受它清新的森林氣息。

檸檬
Citrus limon

芸香科　萃取部位：果皮

香氣接受度很高，有助於抗菌、抗病毒，是擴香或室內熏香經常使用的一款精油。如果希望幫助減緩記憶力衰退，可搭配樟腦迷迭香或桉油醇迷迭香使用。

甜馬郁蘭
Origanum majorana

唇形花科　萃取部位：花&莖葉

有助於血管擴張、鎮靜及舒眠。搭配羅馬洋甘菊能幫助緊繃的身心瞬間放鬆。對於需要這款精油的人而言，常常會沉浸於它溫暖的、舒服的香氣之中。

月桂
Laurus nobilis

樟科　萃取部位：葉

這款精油能幫助緩解各種感染症狀，對於消化系統、循環系統、皮膚、肌肉、神經系統等有正面的幫助，亦有助於緩解婦科疾病。精油香氣比月桂樹本身的氣味來得甘甜清新。

苦橙葉
Citrus aurantium ssp. Amara

芸香科　萃取部位：葉

幾乎不含毒性，常應用於緩解多種神經系統疾病，幫助鎮靜過勞的交感神經，有助於平衡神經系統。以這款精油製成的芳療護理油有助於保健循環、消化及呼吸系統。苦橙葉的氣味較為青澀，可依個人喜好斟酌使用。

五種香氣足以療癒人心的精油

不限囿於藥理特性的理論框架，這些精油的香氣從古至今深深受到人們的喜愛。雖然大部分是高單價的精油，但每次只要一點點就能發揮效果。

大馬士革玫瑰

Rosa damascena

薔薇科　萃取部位：花

失去珍愛之人或身心俱疲時，玫瑰香氣能幫助療癒心靈創傷，消除執著與隔閡，讓「強迫」的觀念得到解放。稀釋後塗抹於皮膚，有助於促進傷口癒合。

橙花

Citrus aurantium ssp. amara

芸香科　萃取部位：花

從苦橙花提煉而成，被稱為天然的抗憂鬱劑，能幫助人們心情變得開朗，臉上露出微笑。

檸檬馬鞭草

Aloysia triphylla

馬鞭草科　萃取部位：葉

香氣迥異於華麗的花香，呈現清新的綠色香草調，有助於緩解壓力、極度不安及憂鬱的情形，搭配玫瑰能幫助人們從悲傷的情緒逐步恢復過來。

茉莉花

Jasminum officinalis

木樨科　萃取部位：花

茉莉精油利用有機溶劑萃取，因此原則上不能塗抹於皮膚，主要用於嗅覺療法，幫助強化神經功能，達到放鬆效果。據說茉莉的香氣亦有助舒緩身體的疼痛。

乳香

Boswellia carterii

橄欖科　萃取部位：樹脂

英文名為Olibanum，有助於抗憂鬱，香氣能幫助消除不安的情緒，讓呼吸變得深沉。歐洲已開始將它用於安寧緩和治療，也被譽為「天香」與「最優質的香氣」。

疼痛或疲憊時適用的芳療凝膠

〔說明〕

以依蘭依蘭搭配羅馬洋甘菊使用。依蘭依蘭的芳樟醇成分有助於鎮靜與抗焦慮，乙酸沉香酯有助於抗疼痛，苯甲醚類有助於止痛與鎮痙攣。羅馬洋甘菊的酯類成分亦有助於止痛與鎮靜。掌握保健原理的同時，也協助患者平穩自身情緒，在安寧緩和臨床治療上可以發揮相當的功效。必要時可以試著改變調配的濃度。

〔配方〕（濃度百分之五）

依蘭依蘭精油……十滴
羅馬洋甘菊精油……十滴
中性凝膠……二十毫升

〔作法&使用方法〕

以凝膠作為基底材料，將適量的精油滴到凝膠裡，混合攪拌均勻。使用時，請視實際狀況調整用量。取用適當的芳療凝膠，在皮膚上仔細抹勻，若有必要，可多次塗抹於疼痛處。

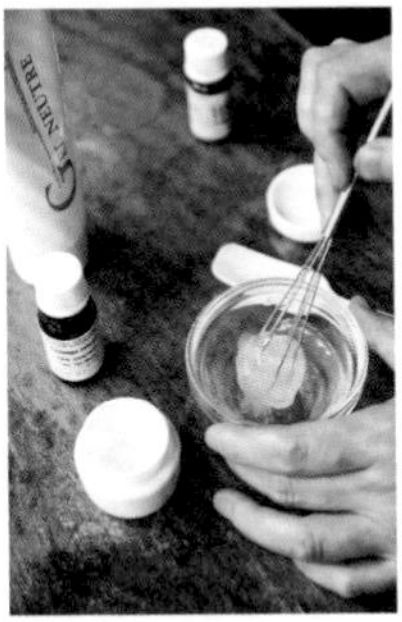

這個空間

節氣來到了霜降，我漫步於霜白的小徑，推開門，店裡的地板上映照著一道晨曦。剛開幕的那段期間，木製地板閃閃發光，不少準備進門的客人都會小心翼翼地問：「可以穿著鞋子進來嗎？」在那之後，沾著雪花的靴子、黏著櫻花花瓣的運動鞋、踏過草皮的涼鞋、經過落葉小徑的貓咪小腳，已經在這木製地板上踩了好幾回。不知不覺間，地板變成了土黃色，再也沒有人進來時會猶豫不決了呢！任何人都能輕鬆開門進來，買他想要的東西，找不到想要的東西可以大大方方地就這麼離開，有喜歡的東西再來買，不必勉強自己。離村落有一段距離的這棟木房，成了我心目中最理想的小店。

總是這樣，總是會看到人們在香氛中潸然落淚，有的人表情變得柔和，有的人會將煩惱與憂愁留給窗外吹動著的微風，然後帶著香草茶與香氛一身輕鬆地回家。有人遇到開心的事也會來店裡，別的都不買，就只買一小株幼苗回家。瓶中的香草也好，庭院的花草樹木也好，似乎一直以我們聽不懂的話語問候著來訪的每個人。有時候會不經意地在店裡與某人相遇，於是我便參與了他生命中的某一天——這真是個不可思議的地方！

本日の
サービスティ
クリスマスティー
60g

到札幌某家診所從事芳香療法的教學已經持續了五年，那裡不僅提供現代醫療的服務，也支援癌症患者身心方面的整合醫療。前年，住在那家醫院的患者偕同家人與朋友，特地從札幌來到我這兒，他們在留意健康的狀態下旅行，院長的出現則讓我驚喜萬分……那是一次愉快難忘的回憶。

我有一位朋友，她致力於推行美味、愉快的食療法，她在札幌那家診所發起講座，講的主題就是香草植物與芳香療法自我照護。她陪伴著病患們一同與病魔搏鬥，藉由大自然的綠色力量度過每個今天。今天又安然度過了，在那裡，歡笑與感動不斷，每次她都在講座會場營造「蓼科氛圍」，分享到蓼科旅遊的點點滴滴，不知不覺「去HERBAL NOTE走走吧！」變成了一種暗號。無意之間，這間香草鋪子彷彿化身為旅人片刻停留的樹蔭，成為大家喘口氣的地方。

已近夕陽時分，將所有房間的電燈都點亮，再準備一壺熱茶，等待著正抓緊時間快步前來的你。門口擺放著那張貓爺爺「馬尾草」喜愛的椅子，現在那兒已變成了「芥末」的座位。深秋了，外頭很冷，進來坐坐吧！這一刻天際仍顯得昏黃，再過不了多久就得配戴防熊鈴，在月光中踏上回家的路了！

結束，意味著開始

在唯美的晚秋與縮頸的寒風中，這一天彷彿收到禮物般，身與心都暖暖的。掠過樹梢的風一日比一日寒冷，沒想到，秋老虎竟意外地來訪，原本正準備迎接冬季的身體在這一刻稍稍感到放鬆。

母親打電話來說：「一打開窗戶，發現好久沒像今天這麼溫暖了。我很好喲！不用擔心。」我可以想像她哼著歌，拿起老花眼鏡，拿出一封古老的信件，彷彿是剛收到信一般，開始閱讀起來。相框中的父母、古老相冊中的哥哥妹妹與朋友們，以及牆壁上貼著的曾孫們，在大家的陪伴下，她的房間顯得熱鬧萬分。母親歷經了生病、再婚、看護及療養，並非過著四平八穩的人生，儘管如此她仍平靜地度過每一天。

人生如果遭遇不公平或不合理的待遇，任誰都會哭泣。種子無法挑選落腳的地方，任憑安排，時機到了就會落入大地的懷抱，然而，並不是每顆種子都會發芽、開花或結果。人們懷抱著希望不斷地播種，哪怕歷經暴風雨的摧殘，承受烈日的照射，但也曾經徜徉於微風與暖陽的懷抱中……讓種子成長為一片綠意，讓花朵結成果實，在短暫的片刻給予

TREES AND SHRUBS
les petits légumes
World Food Café
A TASTE OF THE COUNTRY

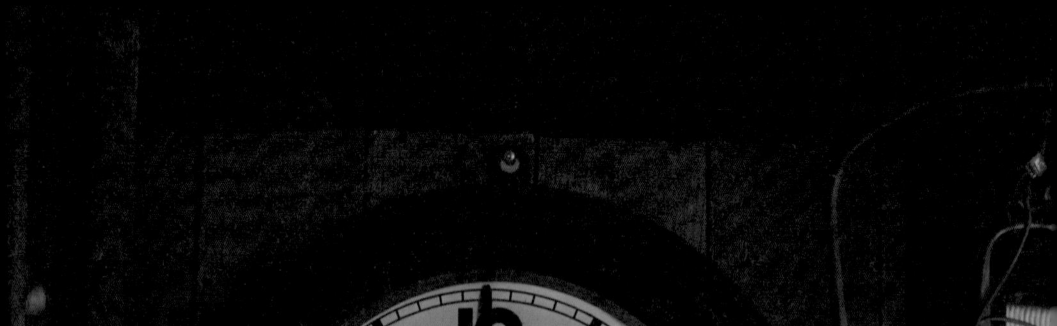

他人溫暖的擁抱——這是香草鋪子與我所能盡的一點點心力。

掛在牆上的古鐘已經不走了，不報時的時鐘與店裡的氛圍很協調，進入這間鋪子裡，誰都不需要像白兔般匆匆忙忙慌慌張張。不合時宜的古老大鐘令小朋友聯想到童話故事裡的情景，大人們的心裡則各自藏著時間，默默地來了又走了。瀰漫香氛的這間小店，在時光之流中默默地陪伴著我們。在你的心上，若有著這家店，需要時會想起它，過一段時間即使忘了它，之後意外走訪時還會驚嘆：「原來這家店還在這裡啊！」那麼，這將會是我無上的喜悅。

午後，陽光和煦，我在安靜的房間裡一邊喝著冒著煙的熱茶，一邊思索著冬季講座的課程內容，一直以來，講座內容都以令人嚮往的綠色季節為主題。即使寒冬也希望大家能夠前來聚聚，一起遊走於詩與故事之間。席間試聞調香師的一小碟香氛，整個人便彷彿置身於香料的國度，也就此展開一場香料桌上的探奇之旅。我不斷思索著，尋找屬於花草與香氛的詞彙，新的構思持續湧現……此時，我彷彿是一位對魔法充滿憧憬的少女。

溫暖的陽光呼喚著我，我走到室外，美麗的小鳥朝著天空振翅而飛。再過不久，嶄新的冬天即將到來，我的白色筆記本也將再度寫下新的一頁。

獻給我的朋友

餐桌上裝飾著花朵，
來杯餐後酒吧！
微甜的利口酒，
融合了春天的夕陽與夏夜的微風，
一飲而盡便沉入夢鄉，
在夢中與精靈相遇。

故事說完了，
四周飄逸著香氣，
草地坐起來與眾不同，
喘口氣休息一下吧！
腳步變得輕盈，
視野也更開闊了。

貓咪們舔著毛準備過冬，
我又老了一些，
一如往常漫步於森林中，
攪拌著充滿芬芳的香草，
打造如原野般的花園。

衷心感謝所有的朋友，
獻上此書與小花束，
若有緣與你牽起綠色的生命線，
將會是多麼幸福的事！

期待有緣相會，
在這森林小徑裡的——香草鋪子。

中文版的源起——選書人的話

在一次出差東京時，我在書店看見了她，

一眼就愛上這雙滿布深刻紋路的手，

直覺那是生命的刻痕，美得讓我感動萬分。

我決定帶她回家。而當時心裡的OS是：是好書，我就不讓你寂寞，

但我得冷靜等待有緣人。

是的，身為一個選書人，是書的媒人，牽起一段緣且讓緣分幸福、

圓滿，要靠的是天時地利與人和。

而這一等，竟是兩年！

我先是有機會拜訪了日方出版社，在會談桌上我再次看見她，當下

跳躍的是遇故知的欣喜啊！巧的是，回臺後朋友K竟在閒聊中向我

說起這一本書，她惋惜著說：「要是能看懂文字該多好！」我，終

於聽見聲音了！

於是我向上級提了出版的評析與要求，而一切也如心所禱告地朝向著順利進展中。

歷經翻譯、潤整、排版、校對，在接近成書時，我又思索著：如何讓更多朋友能有與我一般的感動？於是我幾乎是以直覺似地立即敲了三位審定推薦者。三位專家不僅花費心力予以審定，也大方與我分享了他們的感動，讓我幾度都想跳起來拍桌説：這緣分，豈只是一個妙字啊！

誠如作者所言：「香草與香氛宛如緯紗一般，織入了我的生命之中，散發出柔軟清新的氣息，靜靜擁抱著我。每個季節也像是一條一條纖細優美的絲線，這些纖細的絲線柔韌地編織著我的人生故事，不曾間斷……」於此邀請你，翻開書頁細細咀嚼作者娓娓道來的花草故事，隨著文字與情緒想像著森林中四季更迭的自然景象，或許你也會開始樂意學習泡一壺花草茶，手植幾株香草，以花草作為撫慰身心的能量——

請相信我，美好將不再只是遙遠的想像！

國家圖書館出版品預行編目資料

香りの扉、草の椅子：森林裡的香草鋪子 / 萩尾エリ子著；鄭昀育譯.
-- 初版. -- 新北市：養沛文化館出版：雅書堂文化發行, 2017.04
面； 公分. -- (養身健康觀 ; 106)
譯自：香りの扉、草の椅子：ハーブショップの四季と暮らし
ISBN 978-986-5665-43-2 (平裝)

1.香料作物 2.芳香療法

434.193 106003039

SMART LIVING養身健康觀 106
香りの扉、草の椅子
森林裡的香草鋪子

作 者／萩尾エリ子
翻 譯／鄭昀育
選 書 人／蘇真
發 行 人／詹慶和
總 編 輯／蔡麗玲
執行編輯／李宛真
編 輯／蔡毓玲・劉蕙寧・黃璟安・陳姿伶・李佳穎
執行美術／陳麗娜
美術編輯／周盈汝・韓欣恬
出 版 者／養沛文化館
發 行 者／雅書堂文化事業有限公司
郵政劃撥帳號／18225950
戶 名／雅書堂文化事業有限公司
地 址／新北市板橋區板新路206號3樓
電子信箱／elegant.books@msa.hinet.net
電 話／（02）8952-4078
傳 真／（02）8952-4084

2017年04月初版一刷 定價 380元

總經銷／朝日文化事業有限公司
進退貨地址／新北市中和區橋安街15巷1號7樓
電話／（02）2249-7714 傳真／（02）2249-8715

【STAFF】
攝影／寺澤太郎
設計／山口美登利、堀江久実
校對／堀江圭子
編輯／八幡眞梨子